영역	과목	교재	예비 초등	1-2학년	3-4학년	5-6학년	예비중등
쓰기력	국어	한글 바로 쓰기	P1 | P2 | P3 P1~3_활동 모음집				
	국어	맞춤법 바로 쓰기		1A 1B 2A 2B			
어휘력	전 과목	어휘		1A 1B 2A 2B	3A 3B 4A 4B	5A 5B 6A 6B	
	전 과목	한자 어휘		1A 1B 2A 2B	3A 3B 4A 4B	5A 5B 6A 6B	
	영어	파닉스		1　2			
	영어	영단어			3A 3B 4A 4B	5A 5B 6A 6B	
독해력	국어	독해	P1 | P2	1A 1B 2A 2B	3A 3B 4A 4B	5A 5B 6A 6B	
	한국사	독해 인물편			1 ~ 4		
	한국사	독해 시대편			1 ~ 4		
계산력	수학	계산		1A 1B 2A 2B	3A 3B 4A 4B	5A 5B 6A 6B	7A 7B
교과서 문해력	전 과목	교과서가 술술 읽히는 서술어		1A 1B 2A 2B	3A 3B 4A 4B	5A 5B 6A 6B	
	사회	교과서 독해			3A 3B 4A 4B	5A 5B 6A 6B	
	수학	문장제 기본		1A 1B 2A 2B	3A 3B 4A 4B	5A 5B 6A 6B	
	수학	문장제 발전		1A 1B 2A 2B	3A 3B 4A 4B	5A 5B 6A 6B	
창의·사고력	전 과목	교과서 놀이 활동북	1 ~ 8				
	수학	입학 전 수학 놀이 활동북	P1 ~ P10				

출간 교재　　25년 출간 교재

* 완자 공부력 신간은 계속해서 출간됩니다.

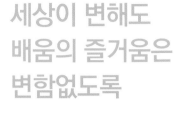

세상이 변해도
배움의 즐거움은
변함없도록

시대는 빠르게 변해도
배움의 즐거움은
변함없어야 하기에

어제의 비상은
남다른 교재부터
결이 다른 콘텐츠
전에 없던 교육 플랫폼까지

변함없는 혁신으로
교육 문화 환경의 새로운 전형을
실현해왔습니다.

비상은 오늘, 다시 한번
새로운 교육 문화 환경을 실현하기 위한
또 하나의 혁신을 시작합니다.

오늘의 내가 어제의 나를 초월하고
오늘의 교육이 어제의 교육을 초월하여
배움의 즐거움을 지속하는 혁신,

바로, 메타인지 기반 완전 학습을.

상상을 실현하는 교육 문화 기업 비상

메타인지 기반 완전 학습

초월을 뜻하는 meta와 생각을 뜻하는 인지가 결합한 메타인지는
자신이 알고 모르는 것을 스스로 구분하고 학습계획을 세우도록 하는
궁극의 학습 능력입니다. 비상의 메타인지 기반 완전 학습 시스템은
잠들어 있는 메타인지를 깨워 공부를 100% 내 것으로 만들도록 합니다.

퀘스트

대관식에 쓸 왕관을 장식할 보석들이 필요해요.

보석은 성 밖에 있는 바위산 절벽과 숲속에서 구할 수 있어요.

단, 주어진 문제를 모두 풀어야만 보석을 얻을 수 있어요!

그럼 지금부터 문제를 차근차근 풀면서

보석을 준비해 볼까요?

수학 문장제 발전 단계별 구성

수 , 연산 , 도형과 측정 , 자료와 가능성 , 변화와 관계 영역의 다양한 문장제를 해결해 봐요.

1A	1B	2A	2B	3A	3B
9까지의 수	100까지의 수	세 자리 수	네 자리 수	덧셈과 뺄셈	곱셈
여러 가지 모양	덧셈과 뺄셈(1)	여러 가지 도형	곱셈구구	평면도형	나눗셈
덧셈과 뺄셈	모양과 시각	덧셈과 뺄셈	길이 재기	나눗셈	원
비교하기	덧셈과 뺄셈(2)	길이 재기	시각과 시간	곱셈	분수와 소수
50까지의 수	규칙 찾기	분류하기	표와 그래프	길이와 시간	들이와 무게
	덧셈과 뺄셈(3)	곱셈	규칙 찾기	분수와 소수	그림 그래프

교과서 전 단원, 전 영역뿐만 아니라
다양한 시험에 나오는 복잡한 수학 문장제를 분석하고
단계별 풀이를 통해 문제 해결력을 강화해요!

4A	4B	5A	5B	6A	6B
큰 수	분수의 덧셈과 뺄셈	자연수의 혼합 계산	수의 범위와 어림하기	분수의 나눗셈	분수의 나눗셈
각도	사각형	약수와 배수	분수의 곱셈	각기둥과 각뿔	공간과 입체
곱셈과 나눗셈	소수의 덧셈과 뺄셈	대응 관계	합동과 대칭	소수의 나눗셈	소수의 나눗셈
삼각형	다각형	약분과 통분	소수의 곱셈	비와 비율	비례식과 비례배분
막대 그래프	꺾은선 그래프	분수의 덧셈과 뺄셈	직육면체와 정육면체	여러 가지 그래프	원의 둘레와 넓이
관계와 규칙	평면도형의 이동	다각형의 둘레와 넓이	평균과 가능성	직육면체의 부피와 겉넓이	원기둥, 원뿔, 구

특징과 활용법

준비하기
단원별 2쪽 가볍게 몸풀기

그림 속 이야기를 읽어 보면서 간단한 문장으로 된 문제를 풀어 보아요.

일차 학습
하루 6쪽 문장제 학습

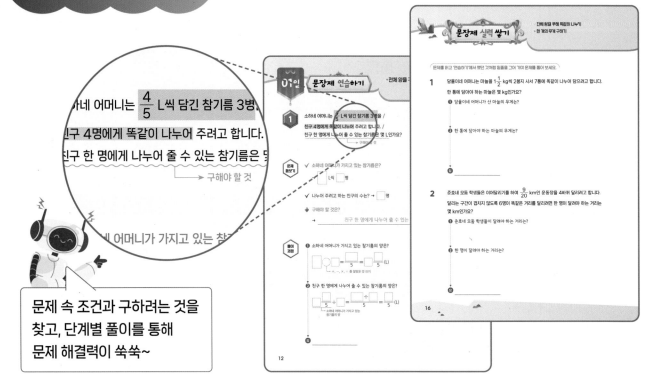

문제 속 조건과 구하려는 것을 찾고, 단계별 풀이를 통해 문제 해결력이 쑥쑥~

정답과 해설

정답과 해설을 빠르게 확인하고,
틀린 문제는 다시 풀어요! QR을 찍으면
모바일로도 정답을 확인할 수 있어요.

실력 확인하기
단원별 마무리와 총정리 실력 평가

앞에서 배웠던 문제를 풀면서 실력을 확인해요.
마지막 도전 문제까지 성공하면 최고!

단원 마무리

실력 평가

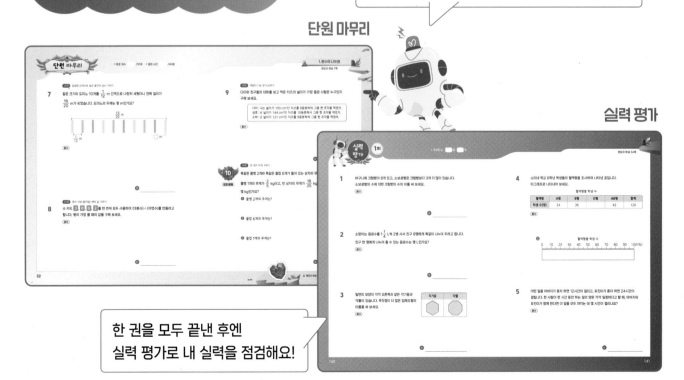

한 권을 모두 끝낸 후엔
실력 평가로 내 실력을 점검해요!

차례

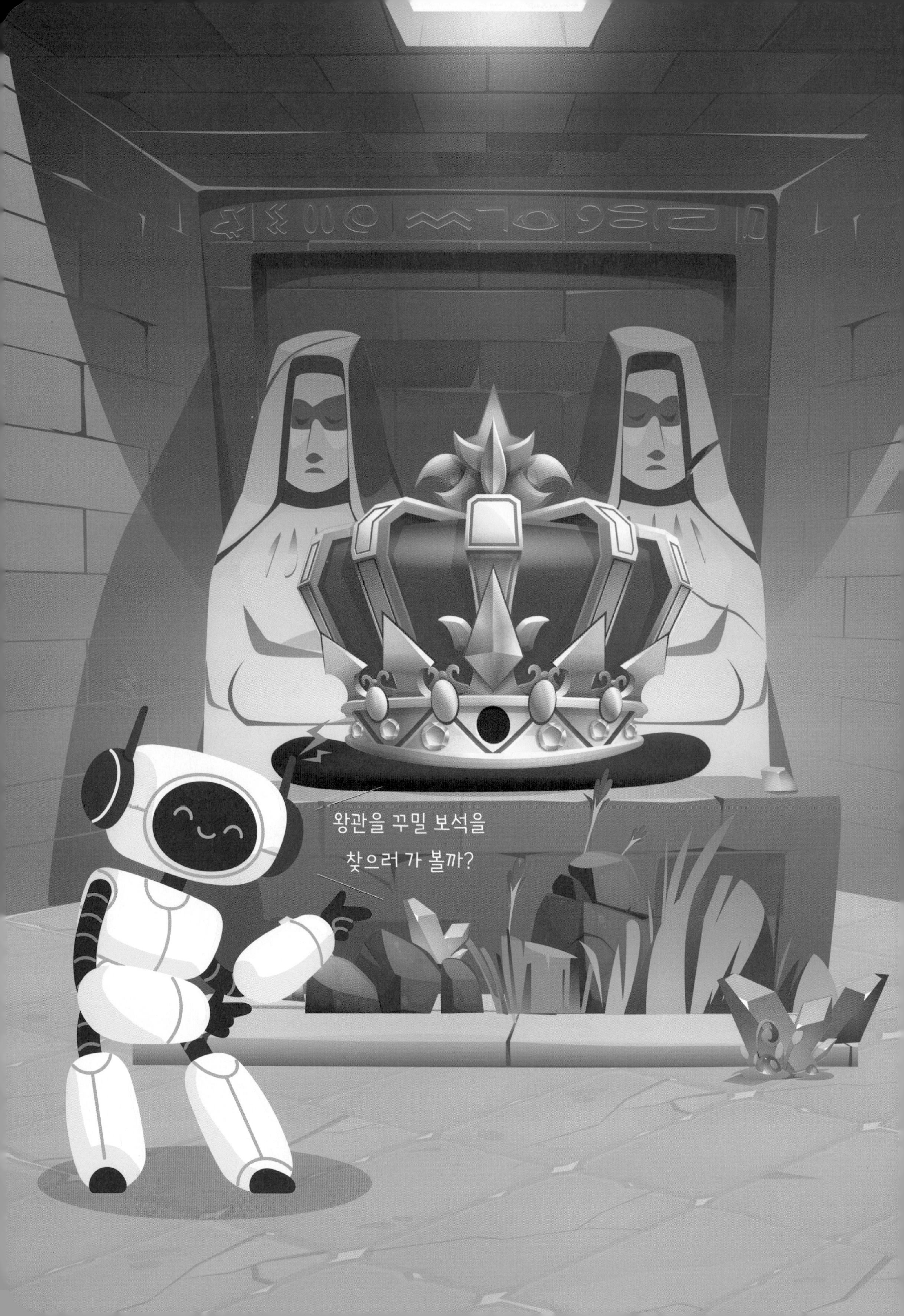
왕관을 꾸밀 보석을
찾으러 가 볼까?

분수의 나눗셈

✿ 찾아야 할 보석

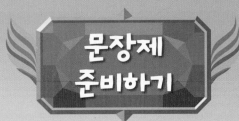

함께 풀어 봐요!

보석을 찾으며 빈칸에 알맞은 수나 기호를 써 보세요.

물 2 L를 물통 3개에 똑같이 나누어 담으면 물통 한 개에 2○□ = □ (L)씩 담을 수 있어.

상자에 복숭아 **2 kg**과
오렌지 $3\frac{1}{3}$ **kg**이 들어 있어.
상자에 들어 있는 오렌지의 무게는
복숭아의 무게의
$3\frac{1}{3}$ ◯ ▢ = ▢ (배)야.

얼룩말이 일정한 빠르기로 **8분** 동안
$7\frac{1}{5}$ **km**를 달렸다면 **1분** 동안
▢ ÷ ▢ = ▢ (km) 달린 거야.

1

소하네 어머니는 $\dfrac{4}{5}$ L씩 담긴 참기름 3병을 /

친구 4명에게 똑같이 나누어 주려고 합니다. /

친구 한 명에게 나누어 줄 수 있는 참기름은 몇 L인가요?

⤷ 구해야 할 것

문제
돋보기

✓ 소하네 어머니가 가지고 있는 참기름은?

→ ⬜ L씩 ⬜ 병

✓ 나누어 주려고 하는 친구의 수는? → ⬜ 명

◆ 구해야 할 것은?

→  친구 한 명에게 나누어 줄 수 있는 참기름의 양

풀이
과정

❶ 소하네 어머니가 가지고 있는 참기름의 양은?

$$\boxed{} \bigcirc \boxed{} = \frac{\boxed{}}{5} = \boxed{}\frac{\boxed{}}{5} \text{ (L)}$$

⤷ +, −, ×, ÷ 중 알맞은 것 쓰기

❷ 친구 한 명에게 나누어 줄 수 있는 참기름의 양은?

$$\boxed{}\frac{\boxed{}}{5} \div \boxed{} = \frac{\boxed{} \div \boxed{}}{5} = \frac{\boxed{}}{5} \text{ (L)}$$

⤷ 소하네 어머니가 가지고 있는
참기름의 양

답 _____

왼쪽 **1**번과 같이 문제에 색칠하고 밑줄을 그어 가며 문제를 풀어 보세요.

1-1 진이네 반 선생님이 점토를 $3\frac{3}{4}$ kg씩 2덩이

사서 / 5모둠에 똑같이 나누어 주려고 합니다. /
한 모둠에 나누어 줄 수 있는 점토는 몇 kg인가요?

문제 돋보기

✓ 진이네 반 선생님이 산 점토는?

→ ☐ kg씩 ☐ 덩이

✓ 나누어 주려고 하는 모둠의 수는? → ☐ 모둠

◆ 구해야 할 것은?

→ _____

풀이 과정

❶ 진이네 반 선생님이 산 점토의 무게는?

$$\boxed{} \bigcirc \boxed{} = \frac{\boxed{}}{4} \bigcirc \boxed{} = \frac{\boxed{}}{2} = \boxed{}\frac{\boxed{}}{2}\text{(kg)}$$

❷ 한 모둠에 나누어 줄 수 있는 점토의 무게는?

$$\boxed{}\frac{\boxed{}}{2} \div \boxed{} = \frac{\boxed{} \div \boxed{}}{2} = \frac{\boxed{}}{2} = \boxed{}\frac{\boxed{}}{2}\text{(kg)}$$

답 _____

문제가
어려웠나요?

☐ 어려워요
☐ 적당해요
☐ 쉬워요

13

 2

무게가 같은 인형 2개가 들어 있는 /

상자의 무게가 $1\frac{9}{10}$ kg입니다. /

빈 상자의 무게가 $\frac{2}{5}$ kg이라면 /

인형 1개의 무게는 몇 kg인가요?
　　　└→ 구해야 할 것

 문제 돋보기

✓ 상자에 들어 있는 인형의 수는? → □ 개

✓ 인형이 들어 있는 상자의 무게는? → □ kg

✓ 빈 상자의 무게는? → □ kg

◆ 구해야 할 것은?

→ ＿＿＿＿＿＿＿＿ 인형 1개의 무게 ＿＿＿＿＿＿＿＿

 풀이 과정

❶ 인형 2개의 무게는?

□ − □ = □ (kg)

　　└ 인형 2개가 들어 있는　　　└→ 빈 상자의 무게
　　　상자의 무게

❷ 인형 1개의 무게는?

□ ÷ □ = $\frac{□}{2} \times \frac{1}{□}$ = □ (kg)

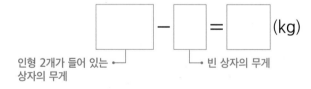

답 ＿＿＿＿＿＿＿＿＿＿

왼쪽 ❷번과 같이 문제에 색칠하고 밑줄을 그어 가며 문제를 풀어 보세요.

2-1 무게가 같은 사과 6개가 담겨 있는 / 바구니의 무게가 $2\frac{1}{6}$ kg입니다. /

빈 바구니의 무게가 $\frac{5}{6}$ kg이라면 / 사과 1개의 무게는 몇 kg인가요?

 문제 돌보기

✓ 바구니에 담겨 있는 사과의 수는? → ☐ 개

✓ 사과가 담겨 있는 바구니의 무게는? → ☐ kg

✓ 빈 바구니의 무게는? → ☐ kg

◆ 구해야 할 것은?

→ _____

풀이 과정

❶ 사과 6개의 무게는?

☐ − ☐ = ☐ (kg)

❷ 사과 1개의 무게는?

$$☐ ÷ ☐ = \frac{☐}{3} × \frac{1}{☐} = ☐ \text{ (kg)}$$

답 _____

문제가 어려웠나요?

☐ 어려워요

☐ 적당해요

☐ 쉬워요

문제를 읽고 '연습하기'에서 했던 것처럼 밑줄을 그어 가며 문제를 풀어 보세요.

1 담율이네 어머니는 마늘을 $1\frac{1}{2}$ kg씩 2봉지 사서 7통에 똑같이 나누어 담으려고 합니다.

한 통에 담아야 하는 마늘은 몇 kg인가요?

❶ 담율이네 어머니가 산 마늘의 무게는?

❷ 한 통에 담아야 하는 마늘의 무게는?

답 _____

2 준호네 모둠 학생들은 이어달리기를 하여 $\frac{9}{20}$ km인 운동장을 4바퀴 달리려고 합니다.

달리는 구간이 겹치지 않도록 6명이 똑같은 거리를 달리려면 한 명이 달려야 하는 거리는

몇 km인가요?

❶ 준호네 모둠 학생들이 달려야 하는 거리는?

❷ 한 명이 달려야 하는 거리는?

답 _____

3 무게가 같은 책 4권이 들어 있는 가방의 무게가 $3\frac{5}{6}$ kg입니다. 빈 가방의 무게가

$1\frac{1}{3}$ kg이라면 책 1권의 무게는 몇 kg인가요?

❶ 책 4권의 무게는?

❷ 책 1권의 무게는?

답 _____

4 무게가 같은 태블릿 12대가 들어 있는 상자의 무게가 20 kg입니다. 빈 상자의 무게가

$2\frac{2}{3}$ kg이라면 태블릿 1대의 무게는 몇 kg인가요?

❶ 태블릿 12대의 무게는?

❷ 태블릿 1대의 무게는?

답 _____

1 윤지는 넓이가 9 m²인 텃밭을 4등분하여 / 그중 한 부분에 상추를 심었고, /
현우는 넓이가 12 m²인 텃밭을 5등분하여 / 그중 한 부분에 상추를 심었습니다. /
상추를 심은 부분의 넓이가 더 넓은 사람은 누구인가요?

　　　　　　　━━▶ 구해야 할 것

문제
돋보기

✓ 윤지가 상추를 심은 부분은?

→ ☐ m²인 텃밭을 ☐ 등분한 것 중 한 부분

✓ 현우가 상추를 심은 부분은?

→ ☐ m²인 텃밭을 ☐ 등분한 것 중 한 부분

◆ 구해야 할 것은?

→ ＿＿＿＿＿상추를 심은 부분의 넓이가 더 넓은 사람＿＿＿＿＿

풀이
과정

❶ 윤지와 현우가 상추를 심은 부분의 넓이는?

윤지: ☐ ÷ 4 = $\dfrac{☐}{4}$ = ☐ $\dfrac{☐}{4}$ (m²)

현우: ☐ ÷ 5 = $\dfrac{☐}{5}$ = ☐ $\dfrac{☐}{5}$ (m²)

❷ 상추를 심은 부분의 넓이가 더 넓은 사람은?

　　　　　━━▶ >, < 중 알맞은 것 쓰기

☐ $\dfrac{☐}{4}$ ◯ ☐ $\dfrac{☐}{5}$ 이므로

상추를 심은 부분의 넓이가 더 넓은 사람은 ☐ 입니다.

답 ＿＿＿＿＿＿＿＿＿＿

왼쪽 ❶번과 같이 문제에 색칠하고 밑줄을 그어 가며 문제를 풀어 보세요.

1-1 혜선이는 넓이가 505 cm²인 고구마 피자를 6등분하였고, / 넓이가 729 cm²인
불고기 피자를 8등분하였습니다. / 한 조각의 넓이가 더 좁은 피자는 어느 피자인가요?

 문제 돋보기

✓ 고구마 피자 한 조각은?

→ ☐ cm²인 고구마 피자를 ☐ 등분한 것 중 한 조각

✓ 불고기 피자 한 조각은?

→ ☐ cm²인 불고기 피자를 ☐ 등분한 것 중 한 조각

◆ 구해야 할 것은?

→ _____

풀이 과정

❶ 고구마 피자와 불고기 피자의 한 조각의 넓이는?

고구마 피자: $\boxed{} \div 6 = \dfrac{\boxed{}}{6} = \boxed{}\dfrac{\boxed{}}{6}$ (cm²)

불고기 피자: $\boxed{} \div 8 = \dfrac{\boxed{}}{8} = \boxed{}\dfrac{\boxed{}}{8}$ (cm²)

❷ 한 조각의 넓이가 더 좁은 피자는?

$\boxed{}\dfrac{}{6} \bigcirc \boxed{}\dfrac{}{8}$ 이므로

한 조각의 넓이가 더 좁은 피자는 ☐ 입니다.

답 _____

문제가
어려웠나요?

☐ 어려워요

☐ 적당해요

☐ 쉬워요

2 수 카드 3, 6, 5를 한 번씩 모두 사용하여 /
(진분수) ÷ (자연수)를 만들려고 합니다. /
몫이 가장 클 때의 값을 구해 보세요.

└──→ 구해야 할 것

문제 돋보기

✓ 수 카드를 사용하여 만들려는 식은?

→ (진분수) ◯ (자연수)

◆ 구해야 할 것은?

→ _____ 몫이 가장 클 때의 값 _____

풀이 과정

❶ 몫이 가장 크도록 (진분수) ÷ (자연수)를 만들려면?

자연수에 가장 (큰 , 작은) 수를 놓고 나머지 두 수로 진분수를 만들어야 합니다.
└→ 알맞은 말에 ◯표 하기

❷ 몫이 가장 크도록 진분수와 자연수를 각각 구하면?

수 카드의 수의 크기를 비교하면 3 < 5 < 6이므로

자연수는 ☐ 이고, 나머지 두 수로 진분수를 만들면 ☐ 입니다.

❸ 몫이 가장 클 때의 값을 구하면?

☐ ÷ ☐ = ☐ × ☐ = ☐

답 _____

20

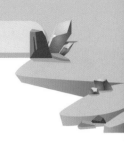

왼쪽 ❷번과 같이 문제에 색칠하고 밑줄을 그어 가며 문제를 풀어 보세요.

2-1 수 카드 7 , 4 , 9 를 한 번씩 모두 사용하여 / (진분수)÷(자연수)를 만들려고 합니다. / 몫이 가장 작을 때의 값을 구해 보세요.

✓ 수 카드를 사용하여 만들려는 식은?

→ (진분수) ◯ (자연수)

◆ 구해야 할 것은?

→ _____

❶ 몫이 가장 작도록 (진분수)÷(자연수)를 만들려면?

자연수에 가장 (큰 , 작은) 수를 놓고 나머지 두 수로 진분수를 만들어야 합니다.

❷ 몫이 가장 작도록 진분수와 자연수를 각각 구하면?

수 카드의 수의 크기를 비교하면 9＞7＞4이므로

자연수는 ☐ 이고, 나머지 두 수로 진분수를 만들면 ☐ 입니다.

❸ 몫이 가장 작을 때의 값을 구하면?

☐ ÷ ☐ = ☐ × ☐ = ☐

답 _____

문제가
어려웠나요?

☐ 어려워요

☐ 적당해요

☐ 쉬워요

문제를 읽고 '연습하기'에서 했던 것처럼 밑줄을 그어 가며 문제를 풀어 보세요.

1 소현이는 넓이가 500 cm²인 종이를 3등분하여 그중 한 부분을 빨간색 물감으로 칠했고, 형석이는 넓이가 800 cm²인 종이를 5등분하여 그중 한 부분을 빨간색 물감으로 칠했습니다. 빨간색 물감으로 칠한 부분의 넓이가 더 좁은 사람은 누구인가요?

❶ 소현이와 형석이가 빨간색 물감으로 칠한 부분의 넓이는?

❷ 빨간색 물감으로 칠한 부분의 넓이가 더 좁은 사람은?

답 _____

2 수 카드 8 , 5 , 2 를 한 번씩 모두 사용하여 (진분수)÷(자연수)를 만들려고 합니다. 몫이 가장 클 때의 값을 구해 보세요.

❶ 몫이 가장 크도록 (진분수)÷(자연수)를 만들려면?

❷ 몫이 가장 크도록 진분수와 자연수를 각각 구하면?

❸ 몫이 가장 클 때의 값을 구하면?

답 _____

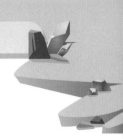

3 상자를 포장하는 데 길이가 8 m인 금색 리본을 7등분한 것 중 하나와
길이가 15 m인 은색 리본을 13등분한 것 중 하나를 사용하였습니다.
상자를 포장하는 데 더 많이 사용한 리본은 무슨 색 리본인가요?

❶ 상자를 포장하는 데 사용한 금색 리본과 은색 리본의 길이는?

❷ 상자를 포장하는 데 더 많이 사용한 리본은 무슨 색 리본인지 구하면?

답 _____

4 수 카드 9 , 1 , 4 , 6 을 한 번씩 모두 사용하여 (대분수)÷(자연수)를 만들려고 합니다.
몫이 가장 작을 때의 값을 구해 보세요.

❶ 몫이 가장 작도록 (대분수)÷(자연수)를 만들려면?

❷ 몫이 가장 작도록 대분수와 자연수를 각각 구하면?

❸ 몫이 가장 작을 때의 값을 구하면?

답 _____

1

똑같은 정사각형 모양의 사진 4장을 /

$\frac{1}{6}$ m 간격으로 옆으로 나란히 붙였더니 /

전체 길이가 $1\frac{5}{6}$ m가 되었습니다. /

사진의 한 변의 길이는 몇 m인가요?

→ 구해야 할 것

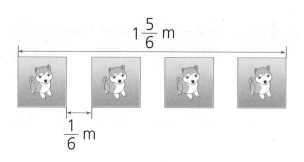

$1\frac{5}{6}$ m

$\frac{1}{6}$ m

 문제 돋보기

✔ 사진을 붙인 방법은? → ☐ 장을 ☐ m 간격으로 붙였습니다.

✔ 사진을 붙인 전체 길이는? → ☐ m

◆ 구해야 할 것은?

→ 사진의 한 변의 길이
_____

 풀이 과정

❶ 사진 사이의 간격의 합은?

$\frac{1}{6}$ × ☐ = ☐ (m)

└→ 사진 사이의 간격의 수

❷ 사진 4장의 한 변의 길이의 합은?

☐ − ☐ = ☐ (m)

사진을 붙인 전체 길이 ┘   └→ 사진 사이의 간격의 합

❸ 사진의 한 변의 길이는?

☐ ÷ ☐ = $\dfrac{☐ ÷ ☐}{☐}$ = ☐ (m)

└→ 사진의 수

답 _____

왼쪽 **1**번과 같이 문제에 색칠하고 밑줄을 그어 가며 문제를 풀어 보세요.

1-1 같은 크기의 블록 8개를 / $\dfrac{1}{14}$ m 간격으로 나란히 세웠더니 / 전체 길이가 $\dfrac{7}{10}$ m가

되었습니다. / 블록의 두께는 몇 m인가요?

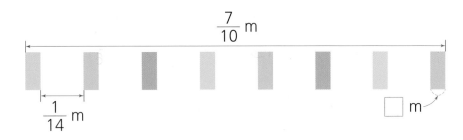

$\dfrac{7}{10}$ m

$\dfrac{1}{14}$ m

☐ m

문제 돋보기

✔ 블록을 세운 방법은? → ☐ 개를 ☐ m 간격으로 세웠습니다.

✔ 블록을 세운 전체 길이는? → ☐ m

◆ 구해야 할 것은?

→ _____

풀이 과정

❶ 블록 사이의 간격의 합은?

$\dfrac{1}{14}$ × ☐ = ☐ (m)

└→ 블록 사이의 간격의 수

❷ 블록 8개의 두께의 합은?

☐ − ☐ = ☐ (m)

❸ 블록의 두께는?

☐ ÷ ☐ = ☐ × ☐ = ☐ (m)

답 _____

문제가
어려웠나요?

☐ 어려워요

☐ 적당해요

☐ 쉬워요

2

어떤 일을 아버지가 혼자 하면 5일이 걸리고, / 희재가 혼자 하면 20일이 걸립니다. /
한 사람이 하루 동안 하는 일의 양은 / 각각 일정하다고 할 때, /
아버지와 희재가 함께 한다면 / 이 일을 모두 마치는 데 며칠이 걸리나요?

⎣→ 구해야 할 것

문제 돋보기

✓ 아버지가 혼자 하면 일을 모두 마치는 데 걸리는 날수는? → ☐ 일

✓ 희재가 혼자 하면 일을 모두 마치는 데 걸리는 날수는? → ☐ 일

◆ 구해야 할 것은?

→ 아버지와 희재가 함께 일을 모두 마치는 데 걸리는 날수

풀이 과정

❶ 전체 일의 양을 1이라고 할 때 아버지와 희재가 각각 하루 동안 하는 일의 양은?

아버지: $1 \div \boxed{} = \dfrac{1}{\boxed{}}$, 희재: $1 \div \boxed{} = \dfrac{1}{\boxed{}}$

❷ 아버지와 희재가 함께 하루 동안 하는 일의 양을 기약분수로 나타내면?

$$\boxed{} + \boxed{} = \boxed{}$$

아버지가 하루 동안 하는 일의 양 ⎦   ⎣ 희재가 하루 동안 하는 일의 양

❸ 아버지와 희재가 함께 일을 모두 마치는 데 걸리는 날수는?

아버지와 희재가 함께 한다면 하루 동안 전체 일의 ☐ 을 할 수 있으므로

일을 모두 마치는 데 ☐ 일이 걸립니다.

답
_____

왼쪽 **2**번과 같이 문제에 색칠하고 밑줄을 그어 가며 문제를 풀어 보세요.

2-1 비닐하우스에 있는 딸기를 모두 수확하는 데 / 정우가 혼자 하면 10시간이 걸리고, / 혜리가 혼자 하면 15시간이 걸립니다. / 정우와 혜리가 함께 한다면 / 딸기를 모두 수확하는 데 몇 시간이 걸리나요? (단, 한 사람이 한 시간 동안 수확하는 딸기의 양은 각각 일정합니다.)

문제 돋보기

✔ 정우가 혼자 딸기를 모두 수확하는 데 걸리는 시간은? → [　] 시간

✔ 혜리가 혼자 딸기를 모두 수확하는 데 걸리는 시간은? → [　] 시간

◆ 구해야 할 것은?

→ _____

풀이 과정

❶ 전체 딸기의 양을 1이라고 할 때 정우와 혜리가 각각 한 시간 동안 수확하는 딸기의 양은?

정우: $1 \div \boxed{} = \dfrac{1}{\boxed{}}$, 혜리: $1 \div \boxed{} = \dfrac{1}{\boxed{}}$

❷ 정우와 혜리가 함께 한 시간 동안 수확하는 딸기의 양을 기약분수로 나타내면?

$\boxed{} + \boxed{} = \boxed{}$

❸ 정우와 혜리가 함께 딸기를 모두 수확하는 데 걸리는 시간은?

정우와 혜리가 함께 한다면 한 시간 동안 전체 딸기의 $\boxed{}$ 을 수확할 수

있으므로 딸기를 모두 수확하는 데 $\boxed{}$ 시간이 걸립니다.

답 _____

문제가
어려웠나요?

☐ 어려워요

☐ 적당해요

☐ 쉬워요

문제를 읽고 '연습하기'에서 했던 것처럼 밑줄을 그어 가며 문제를 풀어 보세요.

1 똑같은 직사각형 모양의 엽서 6장을 $\dfrac{1}{10}$ m 간격으로 옆으로 나란히 붙였더니 전체 길이가

$1\dfrac{2}{5}$ m가 되었습니다. 엽서의 가로는 몇 m인가요?

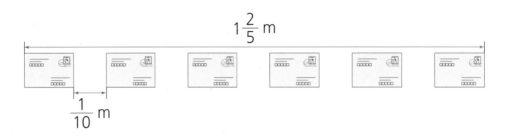

❶ 엽서 사이의 간격의 합은?

❷ 엽서 6장의 가로의 합은?

❸ 엽서의 가로는?

답 _____

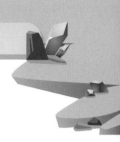

2   어떤 일을 어머니가 혼자 하면 3일이 걸리고, 선율이가 혼자 하면 6일이 걸립니다. 어머니와 선율이가 함께 한다면 이 일을 모두 마치는 데 며칠이 걸리나요? (단, 한 사람이 하루 동안 하는 일의 양은 각각 일정합니다.)

❶ 전체 일의 양을 1이라고 할 때 어머니와 선율이가 각각 하루 동안 하는 일의 양은?

❷ 어머니와 선율이가 함께 하루 동안 하는 일의 양을 기약분수로 나타내면?

❸ 어머니와 선율이가 함께 일을 모두 마치는 데 걸리는 날수는?

답 _____

3   공장의 창고에 있는 휴대전화를 모두 포장하는 데 ㉮ 기계는 28시간이 걸리고, ㉯ 기계는 21시간이 걸립니다. 기계 한 대가 한 시간 동안 하는 일의 양은 각각 일정하다고 할 때, ㉮ 기계와 ㉯ 기계를 함께 작동한다면 휴대전화를 모두 포장하는 데 몇 시간이 걸리나요?

❶ 전체 일의 양을 1이라고 할 때 ㉮ 기계와 ㉯ 기계가 각각 한 시간 동안 하는 일의 양은?

❷ ㉮ 기계와 ㉯ 기계가 함께 한 시간 동안 하는 일의 양을 기약분수로 나타내면?

❸ ㉮ 기계와 ㉯ 기계를 함께 작동한다면 휴대전화를 모두 포장하는 데 걸리는 시간은?

답 _____

18쪽 똑같이 나눈 양 비교하기

1 주아는 넓이가 6 m²인 화단을 5등분하여 그중 한 부분에 장미를 심었고,

현아는 넓이가 1$\frac{3}{10}$ m²인 화단 전체에 장미를 심었습니다.

장미를 심은 부분의 넓이가 더 넓은 사람은 누구인가요?

(풀이)

답　＿＿＿＿＿＿＿＿＿＿＿＿＿＿＿＿＿

12쪽 전체 양을 구해 똑같이 나누기

2 어느 음식점에서 2 L씩 담긴 간장을 4병 사서 12일 동안 똑같이 나누어 사용하려고
합니다. 하루에 사용할 수 있는 간장은 몇 L인가요?

(풀이)

답　＿＿＿＿＿＿＿＿＿＿＿＿＿＿＿＿＿

14쪽 한 개의 무게 구하기

3 무게가 같은 음료수 5병이 들어 있는 장바구니의 무게가 5$\frac{1}{8}$ kg입니다.

빈 장바구니의 무게가 1 kg이라면 음료수 1병의 무게는 몇 kg인가요?

(풀이)

답　＿＿＿＿＿＿＿＿＿＿＿＿＿＿＿＿＿

12쪽 전체 양을 구해 똑같이 나누기

4 상희는 한 포대에 $7\frac{7}{8}$ kg씩 들어 있는 흙 6포대를 화분 9개에 똑같이 나누어 담으려고 합니다. 화분 한 개에 담아야 하는 흙은 몇 kg인가요?

풀이

답 _____

20쪽 몫이 가장 클(작을) 때의 값 구하기

5 수 카드 5 , 8 , 7 을 한 번씩 모두 사용하여 (진분수)÷(자연수)를 만들려고 합니다. 몫이 가장 작을 때의 값을 구해 보세요.

풀이

답 _____

26쪽 일을 마치는 데 걸리는 기간 구하기

6 어떤 일을 삼촌이 혼자 하면 4일이 걸리고, 소민이가 혼자 하면 12일이 걸립니다. 한 사람이 하루 동안 하는 일의 양은 각각 일정하다고 할 때, 삼촌과 소민이가 함께 한다면 이 일을 모두 마치는 데 며칠이 걸리나요?

풀이

답 _____

24쪽 일정한 간격으로 놓은 물건의 길이 구하기

7 같은 크기의 도미노 10개를 $\dfrac{1}{12}$ m 간격으로 나란히 세웠더니 전체 길이가 $\dfrac{19}{20}$ m가 되었습니다. 도미노의 두께는 몇 m인가요?

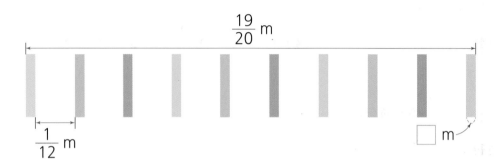

$\dfrac{19}{20}$ m

$\dfrac{1}{12}$ m

☐ m

풀이

답 _____

20쪽 몫이 가장 클(작을) 때의 값 구하기

8 수 카드 3 , 8 , 6 , 2 를 한 번씩 모두 사용하여 (대분수)÷(자연수)를 만들려고 합니다. 몫이 가장 클 때의 값을 구해 보세요.

풀이

답 _____

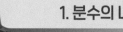

18쪽 똑같이 나눈 양 비교하기

9 다미와 친구들의 대화를 보고 먹은 치즈의 넓이가 가장 좁은 사람은 누구인지 구해 보세요.

> 다미: 나는 넓이가 100 cm²인 치즈를 8등분하여 그중 한 조각을 먹었어.
> 성호: 난 넓이가 144 cm²인 치즈를 10등분해서 그중 한 조각을 먹었지.
> 소하: 난 넓이가 121 cm²인 치즈를 9등분하여 그중 한 조각을 먹었어.

(풀이)

답 _____

14쪽 한 개의 무게 구하기

10

도전 문제

똑같은 물병 2개와 똑같은 물컵 6개가 들어 있는 상자의 무게가 $2\frac{12}{25}$ kg입니다. 물병 1개의 무게가 $\frac{2}{5}$ kg이고, 빈 상자의 무게가 $\frac{18}{25}$ kg이라면 물컵 1개의 무게는 몇 kg인가요?

❶ 물병 2개의 무게는?

❷ 물컵 6개의 무게는?

❸ 물컵 1개의 무게는?

답 _____

왕관을 꾸밀 보석을
찾으러 가 볼까?

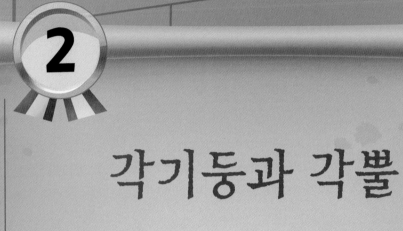

각기둥과 각뿔

✿ 찾아야 할 보석

문장제 준비하기

함께 풀어 봐요!

보석을 찾으며 빈칸에 알맞은 수나 기호를 써 보세요.

■각기둥의 면은 (■＋□)개,

모서리는 (■×□)개,

꼭짓점은 (■×□)개야.

▲각뿔의 면은 (▲＋□)개,

모서리는 (▲×□)개,

꼭짓점은 (▲＋□)개야.

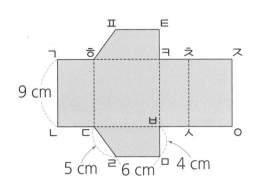

사각기둥의 전개도를 접었을 때

선분 ㅅㅇ과 만나는 선분은 선분 ☐ 이므로

선분 ㅅㅇ의 길이는 ☐ cm야.

05일 문장제 연습하기

✦ 각기둥(각뿔)의 구성 요소의 수 구하기

1 면이 7개인 각기둥이 있습니다. /
이 각기둥의 모서리의 수와 꼭짓점의 수의 합은 / 몇 개인가요?

→ 구해야 할 것

문제 돋보기

✓ 각기둥의 면의 수는?

→ ☐개

◆ 구해야 할 것은?

→ 각기둥의 모서리의 수와 꼭짓점의 수의 합

풀이 과정

❶ 면이 7개인 각기둥의 한 밑면의 변의 수는?

(각기둥의 면의 수)=(한 밑면의 변의 수)+☐이므로

7=(한 밑면의 변의 수)+☐, (한 밑면의 변의 수)=☐개입니다.

❷ 각기둥의 모서리의 수와 꼭짓점의 수는?

한 밑면의 변의 수

(각기둥의 모서리의 수)=☐×☐=☐(개)

(각기둥의 꼭짓점의 수)=☐×☐=☐(개)

❸ 각기둥의 모서리의 수와 꼭짓점의 수의 합은?

☐+☐=☐(개)

각기둥의 모서리의 수 / 각기둥의 꼭짓점의 수

답 ____________

왼쪽 ① 번과 같이 문제에 색칠하고 밑줄을 그어 가며 문제를 풀어 보세요.

1-1 꼭짓점이 9개인 각뿔이 있습니다. / 이 각뿔의 면의 수와 모서리의 수의 차는 / 몇 개인가요?

문제 돋보기

✔ 각뿔의 꼭짓점의 수는?

→ ☐ 개

◆ 구해야 할 것은?

→ _____

풀이 과정

❶ 꼭짓점이 9개인 각뿔의 밑면의 변의 수는?

(각뿔의 꼭짓점의 수)=(밑면의 변의 수)+☐ 이므로

9=(밑면의 변의 수)+☐ , (밑면의 변의 수)=☐ 개입니다.

❷ 각뿔의 면의 수와 모서리의 수는?

(각뿔의 면의 수)=☐ +☐ =☐ (개)

(각뿔의 모서리의 수)=☐ ×☐ =☐ (개)

❸ 각뿔의 면의 수와 모서리의 수의 차는?

☐ －☐ =☐ (개)

문제가
어려웠나요?

☐ 어려워요

☐ 적당해요

☐ 쉬워요

답 _____

문장제 연습하기

✦ 각기둥과 각뿔의 구성 요소의 수 비교하기

2

밑면의 모양이 각각 오른쪽과 같은 /
각기둥과 각뿔이 있습니다. /
모서리가 더 많은 입체도형의 이름을 써 보세요.
└──→ 구해야 할 것

각기둥	각뿔
△	▢

문제 돋보기

✓ 각기둥과 각뿔의 밑면의 모양은?

→ 각기둥: [   ] , 각뿔: [   ]

◆ 구해야 할 것은?

→ ＿＿＿＿＿ 모서리가 더 많은 입체도형의 이름 ＿＿＿＿＿

풀이 과정

❶ 각기둥의 모서리의 수는?

각기둥은 밑면이 삼각형이므로 [삼각기둥] 이고,

한 밑면의 변의 수는 [ ] 개입니다.

⇨ (각기둥의 모서리의 수) = [ ] × [ ] = [ ] (개)

❷ 각뿔의 모서리의 수는?

각뿔은 밑면이 사각형이므로 [   ] 이고, 밑면의 변의 수는 [ ] 개입니다.

⇨ (각뿔의 모서리의 수) = [ ] × [ ] = [ ] (개)

❸ 모서리가 더 많은 입체도형은?

각기둥과 각뿔의 모서리의 수를 비교하면 [ ] > [ ] 이므로

모서리가 더 많은 입체도형은 [   ] 입니다.

답 ＿＿＿＿＿＿＿＿＿＿

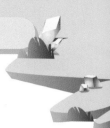

왼쪽 **2**번과 같이 문제에 색칠하고 밑줄을 그어 가며 문제를 풀어 보세요.

2-1 밑면이 육각형인 각기둥과 구각형인 각뿔이 있습니다. / 꼭짓점이 더 적은 입체도형의 이름을 써 보세요.

문제 돋보기

✔ 각기둥과 각뿔의 밑면의 모양은?

→ 각기둥: [   ] , 각뿔: [   ]

◆ 구해야 할 것은?

→ _____

풀이 과정

❶ 각기둥의 꼭짓점의 수는?

각기둥은 밑면이 육각형이므로 [   ]이고,

한 밑면의 변의 수는 [   ]개입니다.

⇨ (각기둥의 꼭짓점의 수)= [   ] × [   ] = [   ] (개)

❷ 각뿔의 꼭짓점의 수는?

각뿔은 밑면이 구각형이므로 [   ]이고,

밑면의 변의 수는 [   ]개입니다.

⇨ (각뿔의 꼭짓점의 수)= [   ] + [   ] = [   ] (개)

❸ 꼭짓점이 더 적은 입체도형은?

각기둥과 각뿔의 꼭짓점의 수를 비교하면 [   ] > [   ] 이므로

꼭짓점이 더 적은 입체도형은 [   ]입니다.

답 _____

문제가 어려웠나요?

☐ 어려워요

☐ 적당해요

☐ 쉬워요

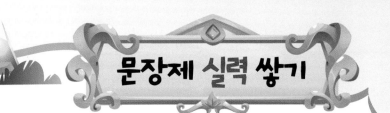
문제를 읽고 '연습하기'에서 했던 것처럼 밑줄을 그어 가며 문제를 풀어 보세요.

1 면이 8개인 각뿔이 있습니다. 이 각뿔의 모서리의 수와 꼭짓점의 수의 합은 몇 개인가요?

❶ 면이 8개인 각뿔의 밑면의 변의 수는?

❷ 각뿔의 모서리의 수와 꼭짓점의 수는?

❸ 각뿔의 모서리의 수와 꼭짓점의 수의 합은?

탑 _____

2 모서리가 24개인 각기둥이 있습니다. 이 각기둥의 면의 수와 꼭짓점의 수의 차는
몇 개인가요?

❶ 모서리가 24개인 각기둥의 한 밑면의 변의 수는?

❷ 각기둥의 면의 수와 꼭짓점의 수는?

❸ 각기둥의 면의 수와 꼭짓점의 수의 차는?

탑 _____

3 밑면이 사각형인 각기둥과 육각형인 각뿔이 있습니다. 면이 더 많은 입체도형의 이름을 써 보세요.

❶ 각기둥의 면의 수는?

❷ 각뿔의 면의 수는?

❸ 면이 더 많은 입체도형은?

답 _____

4 밑면이 칠각형인 각기둥과 십이각형인 각뿔이 있습니다. 모서리가 더 적은 입체도형의 이름을 써 보세요.

❶ 각기둥의 모서리의 수는?

❷ 각뿔의 모서리의 수는?

❸ 모서리가 더 적은 입체도형은?

답 _____

문장제 연습하기

✦ 각기둥(각뿔)의 모든 모서리의 길이의 합 구하기

1 오른쪽과 같이 **밑면이 정삼각형인 각기둥**이 있습니다. / 이 각기둥의 모든 모서리의 길이의 합은 / 몇 cm인가요?

└────→ 구해야 할 것

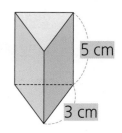

5 cm

3 cm

문제 돋보기

✓ 각기둥의 밑면과 옆면의 모양은?

→ 밑면: ☐ , 옆면: ☐

✓ 각기둥의 모서리의 길이는?

→ 길이가 ☐ cm인 모서리와 ☐ cm인 모서리가 있습니다.

◆ 구해야 할 것은?

→ ___각기둥의 모든 모서리의 길이의 합___

풀이 과정

❶ 길이가 3 cm인 모서리의 수는?

┌────→ 알맞은 말에 ○표 하기

각기둥의 밑면은 (정삼각형 , 직사각형)이고 두 밑면은 서로 합동이므로

길이가 3 cm인 모서리는 모두 ☐ 개입니다.

❷ 길이가 5 cm인 모서리의 수는?

각기둥의 옆면은 모두 (정삼각형 , 직사각형)이므로

길이가 5 cm인 모서리는 모두 ☐ 개입니다.

❸ 각기둥의 모든 모서리의 길이의 합은?

$3 \times$ ☐ $+5 \times$ ☐ $=$ ☐ $+$ ☐ $=$ ☐ (cm)

길이가 3 cm인 └┘   └→ 길이가 5 cm인
모서리의 수   모서리의 수

답 _____

왼쪽 ❶번과 같이 문제에 색칠하고 밑줄을 그어 가며 문제를 풀어 보세요.

1-1 밑면이 정사각형이고 / 옆면이 모두 오른쪽과 같은 이등변삼각형인 각뿔이 있습니다. / 이 각뿔의 모든 모서리의 길이의 합은 / 몇 cm인가요?

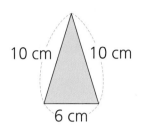

10 cm   10 cm

6 cm

문제 돋보기

✓ 각뿔의 밑면과 옆면의 모양은?

→ 밑면: [   ] , 옆면: [   ]

✓ 각뿔의 모서리의 길이는?

→ 길이가 [ ] cm인 모서리와 [ ] cm인 모서리가 있습니다.

◆ 구해야 할 것은?

→ _____

풀이 과정

❶ 길이가 6 cm인 모서리의 수는?

각뿔의 밑면은 (정사각형 , 이등변삼각형)이므로

길이가 6 cm인 모서리는 모두 [ ]개입니다.

❷ 길이가 10 cm인 모서리의 수는?

각뿔의 옆면은 모두 (정사각형 , 이등변삼각형)이고

옆면의 수는 밑면의 변의 수와 같은 [ ]개이므로

길이가 10 cm인 모서리는 모두 [ ]개입니다.

❸ 각뿔의 모든 모서리의 길이의 합은?

$6 \times$ [ ] $+ 10 \times$ [ ] $=$ [ ] $+$ [ ] $=$ [ ] (cm)

❹ 답 _____

문제가 어려웠나요?

☐ 어려워요
☐ 적당해요
☐ 쉬워요

밑면이 정사각형인 사각기둥의 전개도에서 /

직사각형 ㄱㄴㄷㄹ의 둘레는 56 cm입니다. /

선분 ㄱㄴ의 길이는 몇 cm인가요?

~~~~~~ → 구해야 할 것

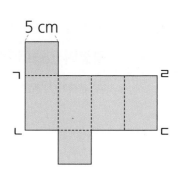

5 cm

문제
돋보기

✓ 한 밑면의 네 변의 길이는?

→ 한 밑면의 네 변의 길이는 모두 ☐ cm로 같습니다.

✓ 직사각형 ㄱㄴㄷㄹ의 둘레는?

→ ☐ cm

◆ 구해야 할 것은?

→ _____선분 ㄱㄴ의 길이_____

풀이
과정

❶ 선분 ㄱㄹ의 길이는?

전개도를 접었을 때 만나는 선분의 길이는 같으므로

(선분 ㄱㄹ)= ☐ × ☐ = ☐ (cm)입니다.

❷ 선분 ㄱㄴ의 길이는?

(직사각형의 둘레)=(가로+세로)×2이므로

(선분 ㄱㄹ)+(선분 ㄱㄴ)= ☐ ÷2= ☐ (cm)입니다.

선분 ㄱㄹ의 길이는 ☐ cm이므로

선분 ㄱㄴ의 길이는 ☐ − ☐ = ☐ (cm)입니다.

답 _____

왼쪽 **2**번과 같이 문제에 색칠하고 밑줄을 그어 가며 문제를 풀어 보세요.

2-1 밑면이 정오각형인 오각기둥의 전개도에서 /
직사각형 ㄱㄴㄷㄹ의 넓이는 480 cm²입니다. /
선분 ㄹㄷ의 길이는 몇 cm인가요?

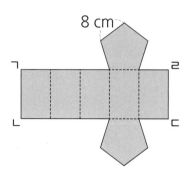

 문제 돌보기

✓ 한 밑면의 다섯 변의 길이는?

→ 한 밑면의 다섯 변의 길이는 모두 ☐ cm로 같습니다.

✓ 직사각형 ㄱㄴㄷㄹ의 넓이는?

→ ☐ cm²

◆ 구해야 할 것은?

→ _____

풀이 과정

❶ 선분 ㄱㄹ의 길이는?

전개도를 접었을 때 만나는 선분의 길이는 같으므로

(선분 ㄱㄹ)= ☐ × ☐ = ☐ (cm)입니다.

❷ 선분 ㄹㄷ의 길이는?

(직사각형의 넓이)＝(가로)×(세로)이므로

(선분 ㄱㄹ)×(선분 ㄹㄷ)= ☐ cm²입니다.

선분 ㄱㄹ의 길이는 ☐ cm이므로

선분 ㄹㄷ의 길이는 ☐ ÷ ☐ = ☐ (cm)입니다.

답 _____

문제가
어려웠나요?

☐ 어려워요

☐ 적당해요

☐ 쉬워요

문제를 읽고 '연습하기'에서 했던 것처럼 밑줄을 그어 가며 문제를 풀어 보세요.

1 오른쪽과 같이 밑면이 정육각형인 각기둥이 있습니다. 이 각기둥의
모든 모서리의 길이의 합은 몇 cm인가요?

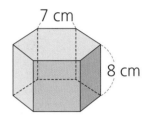

❶ 길이가 7 cm인 모서리의 수는?

❷ 길이가 8 cm인 모서리의 수는?

❸ 각기둥의 모든 모서리의 길이의 합은?

답 _____

2 밑면이 정오각형이고 옆면이 모두 오른쪽과 같은 이등변삼각형인
각뿔이 있습니다. 이 각뿔의 모든 모서리의 길이의 합은 몇 cm인가요?

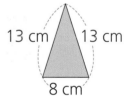

❶ 길이가 8 cm인 모서리의 수는?

❷ 길이가 13 cm인 모서리의 수는?

❸ 각뿔의 모든 모서리의 길이의 합은?

답 _____

3 밑면이 정삼각형인 삼각기둥의 전개도에서 직사각형 ㄱㄴㄷㄹ의 넓이는 60 cm²입니다. 선분 ㄱㄴ의 길이는 몇 cm인가요?

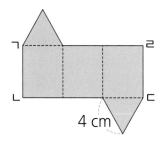

❶ 선분 ㄴㄷ의 길이는?

❷ 선분 ㄱㄴ의 길이는?

답 _____

4 밑면이 직사각형인 사각기둥의 전개도에서 직사각형 ㄱㄴㄷㄹ의 둘레는 72 cm입니다. 선분 ㄹㄷ의 길이는 몇 cm인가요?

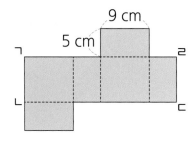

❶ 선분 ㄱㄹ의 길이는?

❷ 선분 ㄹㄷ의 길이는?

답 _____

07일 단원 마무리

★ 공부한 날 월 일

38쪽 각기둥(각뿔)의 구성 요소의 수 구하기

1 꼭짓점이 12개인 각기둥 모양의 선물 상자가 있습니다. 이 선물 상자의 모서리는 몇 개인가요?

풀이

답

40쪽 각기둥과 각뿔의 구성 요소의 수 비교하기

2 팔각뿔과 오각기둥이 있습니다. 꼭짓점이 더 많은 입체도형의 이름을 써 보세요.

풀이

답

38쪽 각기둥(각뿔)의 구성 요소의 수 구하기

3 모서리가 20개인 각뿔이 있습니다. 이 각뿔의 면의 수와 꼭짓점의 수의 합은 몇 개인가요?

풀이

답

44쪽 각기둥(각뿔)의 모든 모서리의 길이의 합 구하기

4 오른쪽과 같이 밑면이 정육각형이고 옆면이 모두 합동인 각뿔이
있습니다. 이 각뿔의 모든 모서리의 길이의 합은 몇 cm인가요?

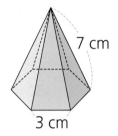

7 cm

3 cm

(풀이)

답 _____

40쪽 각기둥과 각뿔의 구성 요소의 수 비교하기

5 밑면의 모양이 각각 다음과 같은 각기둥과 각뿔이 있습니다. 면이 더 적은 입체도형의
이름을 써 보세요.

각기둥	각뿔

(풀이)

답 _____

46쪽 각기둥의 전개도에서 선분의 길이 구하기

6 밑면이 정삼각형인 삼각기둥의 전개도에서
직사각형 ㄱㄴㄷㄹ의 넓이는 189 cm²입니다.
선분 ㄴㄷ의 길이는 몇 cm인가요?

풀이

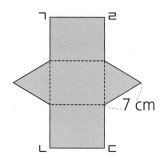

답 _____

40쪽 각기둥과 각뿔의 구성 요소의 수 비교하기

7 밑면이 오각형인 각기둥과 구각형인 각뿔이 있습니다. 모서리가 더 많은 입체도형의
이름을 쓰고, 모서리가 몇 개 더 많은지 구해 보세요.

풀이

답 _____ , _____

44쪽 각기둥(각뿔)의 모든 모서리의 길이의 합 구하기

8 오른쪽과 같이 밑면이 이등변삼각형인 각기둥이 있습니다.
이 각기둥의 모든 모서리의 길이의 합은 몇 cm인가요?

풀이

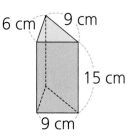

답 _____

9

46쪽 각기둥의 전개도에서 선분의 길이 구하기

밑면이 직사각형인 사각기둥의 전개도에서
직사각형 ㄱㄴㄷㄹ의 둘레는 60 cm입니다.
□ 안에 알맞은 수를 구해 보세요.

풀이

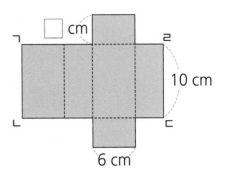

답 _____

10

도전 문제

38쪽 각기둥(각뿔)의 구성 요소의 수 구하기

칠각기둥과 꼭짓점의 수가 같은 각뿔이 있습니다. 이 각뿔의 면의 수와
모서리의 수의 차는 몇 개인가요?

❶ 각뿔의 꼭짓점의 수는?

❷ 각뿔의 밑면의 변의 수는?

❸ 각뿔의 면의 수와 모서리의 수의 차는?

답 _____

왕관을 꾸밀 보석을
찾으러 가 볼까?

소수의 나눗셈

✿ 찾아야 할 보석

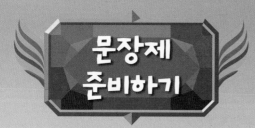
함께 풀어 봐요!

보석을 찾으며 빈칸에 알맞은 수나 기호를 써 보세요.

주스 1.5 L를 5명이 똑같이 나누어 마시면 한 명이

☐○☐=☐(L)씩 마실 수 있어.

철사 1.8 m를 겹치지 않게
모두 사용하여 정삼각형을 만들었어.
정삼각형은 세 변의 길이가 모두
같으므로 한 변의 길이는
□○□=□ (m)야.

강아지의 무게는 10 kg이고,
고양이의 무게는 4 kg이야.
강아지 무게는 고양이 무게의
□○□=□ (배)야.

하율이네 반에서 **점토 8 kg을** /

5모둠에 똑같이 나누어 주었습니다. /

하율이네 모둠 4명이 점토를 똑같이 나누어 사용한다면 /

하율이가 가지게 되는 점토는 몇 kg인지 / 소수로 나타내어 보세요.

⟶ 구해야 할 것

문제 돋보기

✓ 전체 점토의 무게는? → ☐ kg

✓ 점토를 나누어 준 모둠의 수는? → ☐ 모둠

✓ 하율이네 모둠의 학생 수는? → ☐ 명

◆ 구해야 할 것은?

→ 하율이가 가지게 되는 점토의 무게를 소수로 나타내기

풀이 과정

❶ 한 모둠에 나누어 준 점토의 무게는?

☐ ÷ ☐ = ☐ (kg)

전체 점토의 무게 ⌐   ⌐ 점토를 나누어 준 모둠의 수

❷ 하율이가 가지게 되는 점토의 무게는?

☐ ÷ ☐ = ☐ (kg)

한 모둠에 나누어 준 점토의 무게 ⌐   ⌐ 하율이네 모둠의 학생 수

답 _____

왼쪽 ① 번과 같이 문제에 색칠하고 밑줄을 그어 가며 문제를 풀어 보세요.

1-1 재인이네 어머니는 현미 4.2 kg을 /
4통에 똑같이 나누어 담았습니다. /
한 통에 담은 현미를 7일 동안 똑같이
나누어 먹는다면 / 하루에 먹게 되는
현미는 몇 kg인가요?

문제 돋보기

✓ 전체 현미의 무게는? → ☐☐☐ kg

✓ 현미를 나누어 담은 통의 수는? → ☐ 통

✓ 한 통에 담은 현미를 나누어 먹는 날수는? → ☐ 일

◆ 구해야 할 것은?

→ _____

풀이 과정

❶ 한 통에 나누어 담은 현미의 무게는?

☐☐ ÷ ☐ = ☐☐☐ (kg)

❷ 하루에 먹게 되는 현미의 무게는?

☐☐ ÷ ☐ = ☐☐☐ (kg)

답 _____

문제가
어려웠나요?
☐ 어려워요
☐ 적당해요
☐ 쉬워요

 2

넓이가 같은 삼각형과 직사각형이 있습니다. /

삼각형의 밑변의 길이가 1.8 cm, 높이가 1.6 cm이고, /

직사각형의 가로가 2 cm라면 /

직사각형의 세로는 몇 cm인가요?
└──→ 구해야 할 것

 문제
돋보기

✓ 삼각형의 밑변의 길이와 높이는?

→ 밑변의 길이: ☐ cm, 높이: ☐ cm

✓ 직사각형의 가로는?

→ ☐ cm

◆ 구해야 할 것은?

→ _____ 직사각형의 세로 _____

 풀이
과정

❶ 직사각형의 넓이는?

(직사각형의 넓이)＝(삼각형의 넓이)

＝ ☐ × ☐ ÷ 2 ＝ ☐ (cm²)
　삼각형의 밑변의 길이 ┘　　　└ 삼각형의 높이

❷ 직사각형의 세로는?

(직사각형의 넓이)＝(가로) × (세로)이므로

(세로)＝ ☐ ÷ ☐ ＝ ☐ (cm)입니다.
　직사각형의 넓이 ┘　└ 가로

답 _____

왼쪽 **2**번과 같이 문제에 색칠하고 밑줄을 그어 가며 문제를 풀어 보세요.

2-1 다음 마름모와 평행사변형의 넓이가 같습니다. 평행사변형의 밑변의 길이는 몇 cm인가요?

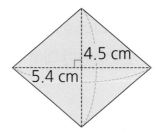 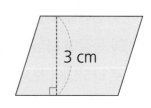

4.5 cm
5.4 cm

3 cm

문제 돋보기

✔ 마름모의 두 대각선의 길이는?

→ ☐ cm, ☐ cm

✔ 평행사변형의 높이는?

→ ☐ cm

◆ 구해야 할 것은?

→ _____

풀이 과정

❶ 평행사변형의 넓이는?

(평행사변형의 넓이)＝(마름모의 넓이)

＝ ☐ × ☐ ÷2＝ ☐ (cm²)

❷ 평행사변형의 밑변의 길이는?

(평행사변형의 넓이)＝(밑변의 길이)×(높이)이므로

(밑변의 길이)＝ ☐ ÷ ☐ ＝ ☐ (cm)입니다.

답 _____

문제가 어려웠나요?

☐ 어려워요
☐ 적당해요
☐ 쉬워요

61

문제를 읽고 '연습하기'에서 했던 것처럼 밑줄을 그어 가며 문제를 풀어 보세요.

1 휘발유 108 L를 8통에 똑같이 나누어 담았습니다. 한 통에 담은 휘발유를
오토바이 6대에 똑같이 나누어 넣는다면 오토바이 한 대에 넣게 되는 휘발유는
몇 L인지 소수로 나타내어 보세요.

❶ 한 통에 나누어 담은 휘발유의 양은?

❷ 오토바이 한 대에 넣게 되는 휘발유의 양은?

답 _____

2 선혜는 길이가 68.76 cm인 철사를 9등분했습니다. 그중 한 도막을 겹치지 않게
모두 사용하여 정사각형을 만든다면 정사각형의 한 변의 길이는 몇 cm인가요?

❶ 9등분한 철사 한 도막의 길이는?

❷ 정사각형의 한 변의 길이는?

답 _____

3 넓이가 같은 정사각형과 평행사변형이 있습니다. 정사각형의 한 변의 길이가 10 cm이고, 평행사변형의 밑변의 길이가 8 cm라면 평행사변형의 높이는 몇 cm인지 소수로 나타내어 보세요.

❶ 평행사변형의 넓이는?

❷ 평행사변형의 높이는?

답 _____

4 다음 사다리꼴과 직사각형의 넓이가 같습니다. 직사각형의 가로는 몇 cm인가요?

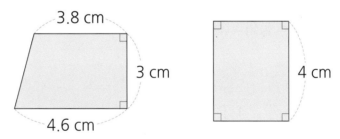

3.8 cm

3 cm

4.6 cm

4 cm

❶ 직사각형의 넓이는?

❷ 직사각형의 가로는?

답 _____

1

5분 동안 1.4 cm씩 /

일정한 빠르기로 타는 양초가 있습니다. /

이 양초가 11분 동안 타는 길이는 몇 cm인가요?

⌐→ 구해야 할 것

문제
돋보기

✓ 양초가 5분 동안 타는 길이는?

→ ☐ cm

◆ 구해야 할 것은?

→ 양초가 11분 동안 타는 길이

풀이
과정

❶ 양초가 1분 동안 타는 길이는?

(양초가 1분 동안 타는 길이)＝(양초가 타는 길이)÷(타는 시간)

＝ ☐ ÷ ☐ = ☐ (cm)

❷ 양초가 11분 동안 타는 길이는?

양초가 11분 동안 타는 길이는

양초가 1분 동안 타는 길이의 ☐ 배입니다.

⇨ ☐ × ☐ = ☐ (cm)

⌐→ 양초가 1분 동안 타는 길이

답 _____

왼쪽 ❶번과 같이 문제에 색칠하고 밑줄을 그어 가며 문제를 풀어 보세요.

1-1 7분 동안 9.31 cm씩 /

일정한 빠르기로 타는 향이 있습니다. /

이 향이 15분 동안 타는 길이는 몇 cm인가요?

 문제 돋보기

✓ 향이 7분 동안 타는 길이는?

→ ☐ cm

◆ 구해야 할 것은?

→ _____

풀이 과정

❶ 향이 1분 동안 타는 길이는?

(향이 1분 동안 타는 길이)=(향이 타는 길이)÷(타는 시간)

= ☐ ÷ ☐ = ☐ (cm)

❷ 향이 15분 동안 타는 길이는?

향이 15분 동안 타는 길이는

향이 1분 동안 타는 길이의 ☐ 배입니다.

⇨ ☐ × ☐ = ☐ (cm)

답 _____

문제가
어려웠나요?

☐ 어려워요

☐ 적당해요

☐ 쉬워요

2 자동차는 4분 동안 5 km를 가는 빠르기로 달리고, /
자전거는 9분 동안 5.4 km를 가는 빠르기로 달립니다. /
자동차와 자전거가 같은 곳에서 /
반대 방향으로 동시에 출발했다면 /
10분 후 자동차와 자전거 사이의 거리는 몇 km인가요?

→ 구해야 할 것

문제 돋보기

✓ 자동차가 4분 동안 달리는 거리는? → ☐ km

✓ 자전거가 9분 동안 달리는 거리는? → ☐ km

✓ 자동차와 자전거가 출발한 방향은?

→ 같은 곳에서 (같은 방향 , 반대 방향)으로 동시에 출발했습니다.

└ 알맞은 말에 ○표 하기

◆ 구해야 할 것은?

→ 출발한 지 10분 후 자동차와 자전거 사이의 거리

풀이 과정

❶ 자동차와 자전거가 1분 동안 달리는 거리는?

자동차: ☐ ÷ ☐ = ☐ (km), 자전거: ☐ ÷ ☐ = ☐ (km)

❷ 출발한 지 1분 후 자동차와 자전거 사이의 거리는?

+, −, ×, ÷ 중 알맞은 것 쓰기

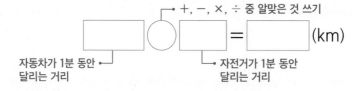

☐ ○ ☐ = ☐ (km)

자동차가 1분 동안 달리는 거리

자전거가 1분 동안 달리는 거리

❸ 출발한 지 10분 후 자동차와 자전거 사이의 거리는?

☐ × ☐ = ☐ (km)

답 ____________

왼쪽 **2** 번과 같이 문제에 색칠하고 밑줄을 그어 가며 문제를 풀어 보세요.

2-1 수아는 15분 동안 1.35 km를 가는 빠르기로 걷고, / 준석이는 30분 동안 2.1 km를 가는 빠르기로 걷습니다. / 두 사람이 같은 곳에서 / 같은 방향으로 동시에 출발했다면 / 8분 후 수아와 준석이 사이의 거리는 몇 km인가요?

문제 돋보기

✔ 수아가 15분 동안 걷는 거리는? → ☐ km

✔ 준석이가 30분 동안 걷는 거리는? → ☐ km

✔ 두 사람이 출발한 방향은?
 → 같은 곳에서 (같은 방향 , 반대 방향)으로 동시에 출발했습니다.

◆ 구해야 할 것은?
 → _____

풀이 과정

❶ 수아와 준석이가 1분 동안 걷는 거리는?

수아: ☐ ÷ ☐ = ☐ (km)

준석: ☐ ÷ ☐ = ☐ (km)

❷ 출발한 지 1분 후 수아와 준석이 사이의 거리는?

☐ ◯ ☐ = ☐ (km)

❸ 출발한 지 8분 후 수아와 준석이 사이의 거리는?

☐ × ☐ = ☐ (km)

탑 _____

문제가
어려웠나요?

☐ 어려워요

☐ 적당해요

☐ 쉬워요

문제를 읽고 '연습하기'에서 했던 것처럼 밑줄을 그어 가며 문제를 풀어 보세요.

1 6분 동안 8.4 cm씩 일정한 빠르기로 타는 향이 있습니다.
이 향이 9분 동안 타는 길이는 몇 cm인가요?

➊ 향이 1분 동안 타는 길이는?

➋ 향이 9분 동안 타는 길이는?

답 _____

2 12분 동안 6.36 cm씩 일정한 빠르기로 타는 양초가 있습니다.
이 양초가 7분 동안 타는 길이는 몇 cm인가요?

➊ 양초가 1분 동안 타는 길이는?

➋ 양초가 7분 동안 타는 길이는?

답 _____

3 버스는 13분 동안 14.3 km를 가는 빠르기로 달리고, 트럭은 5분 동안 5.3 km를 가는 빠르기로 달립니다. 버스와 트럭이 같은 곳에서 같은 방향으로 동시에 출발했다면 18분 후 버스와 트럭 사이의 거리는 몇 km인가요?

❶ 버스와 트럭이 1분 동안 달리는 거리는?

❷ 출발한 지 1분 후 버스와 트럭 사이의 거리는?

❸ 출발한 지 18분 후 버스와 트럭 사이의 거리는?

답 _____

4 아인이는 3분 동안 0.15 km를 가는 빠르기로 걷고, 해담이는 7분 동안 0.56 km를 가는 빠르기로 걷습니다. 두 사람이 같은 곳에서 반대 방향으로 동시에 출발했다면 25분 후 아인이와 해담이 사이의 거리는 몇 km인가요?

❶ 아인이와 해담이가 1분 동안 걷는 거리는?

❷ 출발한 지 1분 후 아인이와 해담이 사이의 거리는?

❸ 출발한 지 25분 후 아인이와 해담이 사이의 거리는?

답 _____

1

어떤 수를 4로 나누어야 할 것을 /

잘못하여 곱했더니 30.4가 되었습니다. /

바르게 계산한 값은 얼마인가요?
⌐→ 구해야 할 것

문제
돋보기

✓ 잘못 계산한 식은?

→ (곱셈식 , 나눗셈식)을 계산해야 하는데 잘못하여

(곱셈식 , 나눗셈식)을 계산했습니다.

✓ 바르게 계산하려면?

→ 어떤 수를 ☐ (으)로 나눕니다.

◆ 구해야 할 것은?

→ _____

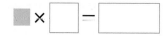

풀이
과정

❶ 어떤 수를 ■라 할 때, 잘못 계산한 식은?

■ × ☐ = ☐

❷ 어떤 수는?

☐ ÷ ☐ = ■ , ■ = ☐

❸ 바르게 계산한 값은?

☐ ÷ ☐ = ☐
└→ 어떤 수

답 _____

왼쪽 ❶번과 같이 문제에 색칠하고 밑줄을 그어 가며 문제를 풀어 보세요.

1-1 어떤 수를 6으로 나누어야 할 것을 / 잘못하여 뺐더니 3.12가 되었습니다. / 바르게 계산한 값은 얼마인가요?

 문제 돌보기

✓ 잘못 계산한 식은?

→ (뺄셈식 , 나눗셈식)을 계산해야 하는데 잘못하여

(뺄셈식 , 나눗셈식)을 계산했습니다.

✓ 바르게 계산하려면?

→ 어떤 수를 □ (으)로 나눕니다.

◆ 구해야 할 것은?

→ _____

풀이 과정

❶ 어떤 수를 ■라 할 때, 잘못 계산한 식은?

■ − □ = □□

❷ 어떤 수는?

□□ + □ = ■, ■ = □□

❸ 바르게 계산한 값은?

□□ ÷ □ = □□

답  _____

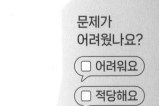

2

버스가 1분에 1500 m를 가는 빠르기로 /

터널을 통과하려고 합니다. /

터널의 길이는 650 m이고, 버스의 길이는 10 m입니다. /

버스가 터널을 완전히 통과하는 데 걸리는 시간은 /

몇 분인지 소수로 나타내어 보세요.

└──→ 구해야 할 것

문제 돋보기

✓ 버스가 1분 동안 가는 거리는? → ☐ m

✓ 터널과 버스의 길이는? → 터널: ☐ m, 버스: ☐ m

◆ 구해야 할 것은?

→ 버스가 터널을 완전히 통과하는 데 걸리는 시간은 몇 분인지 소수로 나타내기

풀이 과정

❶ 버스가 터널을 완전히 통과할 때까지 이동하는 거리는?

버스의 앞부분이 터널에 진입할 때부터 버스의 끝부분이 터널을 완전히 빠져나올

때까지 버스가 이동하는 거리를 구해야 합니다.

(버스가 터널을 완전히 통과할 때까지 이동하는 거리)

＝(터널의 길이)＋(버스의 길이)

＝ ☐ ＋ ☐ ＝ ☐ (m)

❷ 버스가 터널을 완전히 통과하는 데 걸리는 시간은?

☐ ÷ ☐ ＝ ☐ (분)

└ 버스가 터널을 완전히 통과할   └ 버스가 1분 동안 가는 거리
때까지 이동하는 거리

답 _____

왼쪽 **2** 번과 같이 문제에 색칠하고 밑줄을 그어 가며 문제를 풀어 보세요.

2-1 기차가 1분에 3 km를 가는 빠르기로 / 터널을 통과하려고 합니다. / 터널의 길이는 7.24 km이고, 기차의 길이는 0.11 km입니다. / 기차가 터널을 완전히 통과하는 데 / 걸리는 시간은 몇 분인가요?

문제 돋보기

✓ 기차가 1분 동안 가는 거리는?

→ ☐ km

✓ 터널과 기차의 길이는?

→ 터널: ☐ km, 기차: ☐ km

◆ 구해야 할 것은?

→ _____

풀이 과정

❶ 기차가 터널을 완전히 통과할 때까지 이동하는 거리는?

기차의 앞부분이 터널에 진입할 때부터 기차의 끝부분이 터널을 완전히 빠져나올 때까지 기차가 이동하는 거리를 구해야 합니다.

(기차가 터널을 완전히 통과할 때까지 이동하는 거리)

＝(터널의 길이)＋(기차의 길이)

＝ ☐ ＋ ☐ ＝ ☐ (km)

❷ 기차가 터널을 완전히 통과하는 데 걸리는 시간은?

☐ ÷ ☐ ＝ ☐ (분)

답 _____

문제가 어려웠나요?

☐ 어려워요
☐ 적당해요
☐ 쉬워요

73

문제를 읽고 '연습하기'에서 했던 것처럼 밑줄을 그어 가며 문제를 풀어 보세요.

1 어떤 수를 5로 나누어야 할 것을 잘못하여 더했더니 13.6이 되었습니다.
바르게 계산한 값은 얼마인가요?

❶ 어떤 수를 ■라 할 때, 잘못 계산한 식은?

❷ 어떤 수는?

❸ 바르게 계산한 값은?

답 _____

2 어떤 수를 14로 나누어야 할 것을 잘못하여 곱했더니 744.8이 되었습니다.
바르게 계산한 값은 얼마인가요?

❶ 어떤 수를 ■라 할 때, 잘못 계산한 식은?

❷ 어떤 수는?

❸ 바르게 계산한 값은?

답 _____

3 버스가 1분에 1200 m를 가는 빠르기로 터널을 통과하려고 합니다. 터널의 길이는 840 m이고, 버스의 길이는 12 m입니다. 버스가 터널을 완전히 통과하는 데 걸리는 시간은 몇 분인지 소수로 나타내어 보세요.

❶ 버스가 터널을 완전히 통과할 때까지 이동하는 거리는?

❷ 버스가 터널을 완전히 통과하는 데 걸리는 시간은?

답 _____

4 기차가 1분에 4 km를 가는 빠르기로 터널을 통과하려고 합니다. 터널의 길이는 3.6 km이고, 기차의 길이는 0.2 km입니다. 기차가 터널을 완전히 통과하는 데 걸리는 시간은 몇 분인가요?

❶ 기차가 터널을 완전히 통과할 때까지 이동하는 거리는?

❷ 기차가 터널을 완전히 통과하는 데 걸리는 시간은?

답 _____

1

58쪽 똑같이 나누기

채담이네 반 선생님이 주스 7.5 L를 10모둠에 똑같이 나누어 주었습니다.
채담이네 모둠 3명이 주스를 똑같이 나누어 마신다면 채담이가 마실 수 있는 주스는
몇 L인가요?

풀이

답 _____

2

64쪽 일정하게 타는 양초의 길이 구하기

8분 동안 6 cm씩 일정한 빠르기로 타는 양초가 있습니다. 이 양초가 10분 동안
타는 길이는 몇 cm인지 소수로 나타내어 보세요.

풀이

답 _____

3

58쪽 똑같이 나누기

다희는 길이가 223.3 cm인 끈을 7등분했습니다. 그중 한 도막을 겹치지 않게 모두
사용하여 정오각형을 만든다면 정오각형의 한 변의 길이는 몇 cm인가요?

풀이

답 _____

60쪽 넓이가 같은 도형의 선분의 길이 구하기

4 넓이가 같은 마름모와 평행사변형이 있습니다. 마름모의 두 대각선의 길이가 각각 20 cm, 12.6 cm이고, 평행사변형의 높이가 15 cm라면 평행사변형의 밑변의 길이는 몇 cm인가요?

풀이

답 _____

70쪽 바르게 계산한 값 구하기

5 어떤 수를 9로 나누어야 할 것을 잘못하여 곱했더니 254.34가 되었습니다. 바르게 계산한 값은 얼마인가요?

풀이

답 _____

66쪽 이동한 거리의 합(차) 구하기

6 ㉮ 자동차는 2시간 동안 153 km를 가는 빠르기로 달리고, ㉯ 자동차는 5시간 동안 404.5 km를 가는 빠르기로 달립니다. 두 자동차가 같은 곳에서 같은 방향으로 동시에 출발했다면 3시간 후 ㉮ 자동차와 ㉯ 자동차 사이의 거리는 몇 km인가요?

풀이

답 _____

60쪽 넓이가 같은 도형의 선분의 길이 구하기

7 다음 사다리꼴의 넓이는 삼각형의 넓이의 3배입니다. ☐ 안에 알맞은 수를 구해 보세요.

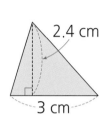

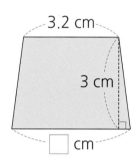

풀이

답 _____

66쪽 이동한 거리의 합(차) 구하기

8 지우는 35분 동안 2.1 km를 가는 빠르기로 걷고, 슬기는 22분 동안 1.98 km를 가는 빠르기로 걷습니다. 두 사람이 같은 곳에서 반대 방향으로 동시에 출발했다면 1시간 후 지우와 슬기 사이의 거리는 몇 km인가요?

풀이

답 _____

9

72쪽 터널을 통과하는 데 걸리는 시간 구하기

기차가 1분에 5 km를 가는 빠르기로 터널을 통과하려고 합니다. 터널의 길이는 50.3 km이고, 기차의 길이는 0.2 km입니다. 기차가 터널을 완전히 통과하는 데 걸리는 시간은 몇 분 몇 초인가요?

(풀이)

답 _____

10

도전 문제

64쪽 일정하게 타는 양초의 길이 구하기

6분 동안 2.85 cm씩 일정한 빠르기로 타는 양초가 있습니다. 이 양초에 14분 동안 불을 붙여 놓았더니 타고 남은 양초의 길이가 13.85 cm가 되었습니다. 처음 양초의 길이는 몇 cm인가요?

❶ 양초가 1분 동안 타는 길이는?

❷ 양초가 14분 동안 타는 길이는?

❸ 처음 양초의 길이는?

답 _____

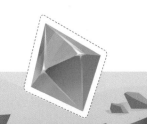

왕관을 꾸밀 보석을
찾으러 가 볼까?

비와 비율

✿ 찾아야 할 보석

문장제 준비하기

함께 풀어 봐요!

보석을 찾으며 빈칸에 알맞은 수를 써 보세요.

하은이네 반 학생 26명 중 여학생은 15명이야.
전체 학생 수에 대한 여학생 수의 비율을
분수로 나타내면 □(이)야.

어느 축구팀이 20경기에 출전하여
13경기를 이겼다면 이 축구팀의 승률은
□ $\times$ 100 = □이므로 □%야.

지우개의 수에 대한 풀의 수를

비로 나타내면 ☐ : ☐ (이)야.

문장제 연습하기

→비교하는 양(기준량)을 구하여 비 구하기

1

오늘 가게에서 수박 주스는 35병 팔렸고, /
오렌지 주스는 수박 주스보다 7병 더 적게 팔렸습니다. /
오늘 팔린 수박 주스의 수와 오렌지 주스의 수의 비를
써 보세요. ──→ 구해야 할 것

**문제
돋보기**

✓ 오늘 팔린 수박 주스의 수는?

→ ☐ 병

✓ 오늘 팔린 오렌지 주스의 수를 식으로 나타내면?

→ (오늘 팔린 오렌지 주스의 수)＝(오늘 팔린 수박 주스의 수)◯☐

+, −, ×, ÷ 중 알맞은 것 쓰기┘

◆ 구해야 할 것은?

→ ＿＿오늘 팔린 수박 주스의 수와 오렌지 주스의 수의 비＿＿

**풀이
과정**

❶ 오늘 팔린 오렌지 주스의 수는?

35◯☐＝☐ (병)

❷ 오늘 팔린 수박 주스의 수와 오렌지 주스의 수의 비는?

┌─────→ 알맞은 말에 ◯표 하기

기준량은 오늘 팔린 (수박 , 오렌지) 주스의 수,

비교하는 양은 오늘 팔린 (수박 , 오렌지) 주스의 수이므로

비로 나타내면 ☐ : ☐ 입니다.

답 ＿＿＿＿＿＿＿＿＿＿

왼쪽 **1** 번과 같이 문제에 색칠하고 밑줄을 그어 가며 문제를 풀어 보세요.

1-1 한빈이는 책을 어제는 19쪽 읽었고, / 오늘은 어제보다 4쪽 더 많이 읽었습니다. /
오늘 읽은 쪽수의 어제 읽은 쪽수에 대한 비를 써 보세요.

문제 돋보기

✓ 어제 읽은 쪽수는?

→ ☐ 쪽

✓ 오늘 읽은 쪽수를 식으로 나타내면?

→ (오늘 읽은 쪽수)＝(어제 읽은 쪽수) ◯ ☐

◆ 구해야 할 것은?

→ ＿＿＿＿＿＿＿＿＿＿＿＿＿＿＿＿＿＿＿＿＿＿＿＿＿＿

풀이 과정

❶ 오늘 읽은 쪽수는?

19 ◯ ☐ ＝ ☐ (쪽)

❷ 오늘 읽은 쪽수의 어제 읽은 쪽수에 대한 비는?

기준량은 (어제 , 오늘) 읽은 쪽수,

비교하는 양은 (어제 , 오늘) 읽은 쪽수이므로

비로 나타내면 ☐ : ☐ 입니다.

답 ＿＿＿＿＿＿＿＿＿＿＿＿＿＿

문제가
어려웠나요?

☐ 어려워요

☐ 적당해요

☐ 쉬워요

85

2 어느 가게에서 **지난달에는 빵 5개를 4000원**에 판매했고, /
이번 달에는 **빵 6개를 6000원**에 판매하고 있습니다. /
이번 달 빵 한 개의 가격은 /
지난달에 비해 몇 % 올랐는지 구해 보세요.
└─→ 구해야 할 것

문제 돋보기

✓ 지난달 빵의 가격은? → ☐5☐ 개에 ☐☐☐☐☐ 원

✓ 이번 달 빵의 가격은? → ☐6☐ 개에 ☐☐☐☐☐ 원

◆ 구해야 할 것은?

→ 이번 달 빵 한 개의 가격은 지난달에 비해 몇 % 올랐는지 구하기

풀이 과정

❶ 지난달과 이번 달의 빵 한 개의 가격은?

지난달: ☐☐☐☐ ÷ ☐ = ☐☐☐☐ (원)

이번 달: ☐☐☐☐ ÷ ☐ = ☐☐☐☐ (원)

❷ 이번 달에 오른 빵 한 개의 가격은?

☐☐☐☐ − ☐☐☐☐ = ☐☐☐☐ (원)
이번 달 빵 한 개의 가격 ↖   ↖ 지난달 빵 한 개의 가격

❸ 이번 달 빵 한 개의 가격은 지난달에 비해 몇 % 올랐는지 구하면?

$$\frac{\boxed{}}{800} \times 100 = \boxed{} \text{이므로}$$

이번 달 빵 한 개의 가격은 지난달에 비해 ☐☐☐ % 올랐습니다.

답 _____

왼쪽 **2** 번과 같이 문제에 색칠하고 밑줄을 그어 가며 문제를 풀어 보세요.

2-1 어느 마트에서 지난달에는 우유 3갑을 3000원에 판매했고, / 이번 달에는 우유 2갑을 1900원에 판매하고 있습니다. / 이번 달 우유 한 갑의 가격은 / 지난달에 비해 몇 % 내렸는지 구해 보세요.

문제 돋보기

✓ 지난달 우유의 가격은?

→ ⬚ 갑에 ⬚ 원

✓ 이번 달 우유의 가격은?

→ ⬚ 갑에 ⬚ 원

◆ 구해야 할 것은?

→ _____

풀이 과정

❶ 지난달과 이번 달의 우유 한 갑의 가격은?

지난달: ⬚ ÷ ⬚ = ⬚ (원)

이번 달: ⬚ ÷ ⬚ = ⬚ (원)

❷ 이번 달에 내린 우유 한 갑의 가격은?

⬚ − ⬚ = ⬚ (원)

❸ 이번 달 우유 한 갑의 가격은 지난달에 비해 몇 % 내렸는지 구하면?

$\dfrac{⬚}{1000} × 100 = ⬚$ 이므로

이번 달 우유 한 갑의 가격은 지난달에 비해 ⬚ % 내렸습니다.

답 _____

문제가 어려웠나요?

☐ 어려워요
☐ 적당해요
☐ 쉬워요

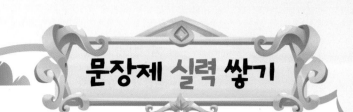
문제를 읽고 '연습하기'에서 했던 것처럼 밑줄을 그어 가며 문제를 풀어 보세요.

1 줄넘기를 민정이는 56번 했고, 지민이는 민정이보다 4번 더 적게 했습니다.
지민이가 한 줄넘기 횟수의 민정이가 한 줄넘기 횟수에 대한 비를 써 보세요.

❶ 지민이가 한 줄넘기 횟수는?

❷ 지민이가 한 줄넘기 횟수의 민정이가 한 줄넘기 횟수에 대한 비는?

답 _____

2 어느 지역에 어제 내린 눈의 양은 15 mm이고, 오늘 내린 눈의 양은 어제보다 3 mm
더 많습니다. 어제 내린 눈의 양에 대한 오늘 내린 눈의 양의 비를 써 보세요.

❶ 오늘 내린 눈의 양은?

❷ 어제 내린 눈의 양에 대한 오늘 내린 눈의 양의 비는?

답 _____

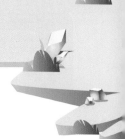

3 어느 가게에서 작년에는 붕어빵 2개를 1000원에 판매했고, 올해는 붕어빵 3개를 2100원에 판매하고 있습니다. 올해 붕어빵 한 개의 가격은 작년에 비해 몇 % 올랐는지 구해 보세요.

❶ 작년과 올해의 붕어빵 한 개의 가격은?

❷ 올해 오른 붕어빵 한 개의 가격은?

❸ 올해 붕어빵 한 개의 가격은 작년에 비해 몇 % 올랐는지 구하면?

답 _____

4 어느 문구점에서 작년에는 볼펜 4자루를 6000원에 판매했고, 올해는 볼펜 5자루를 7200원에 판매하고 있습니다. 올해 볼펜 한 자루의 가격은 작년에 비해 몇 % 내렸는지 구해 보세요.

❶ 작년과 올해의 볼펜 한 자루의 가격은?

❷ 올해 내린 볼펜 한 자루의 가격은?

❸ 올해 볼펜 한 자루의 가격은 작년에 비해 몇 % 내렸는지 구하면?

답 _____

1

어느 분식점의 하루 주문량은 800건입니다. /

하루 주문량의 40 %는 라면이고, /

라면 중 $\dfrac{3}{10}$이 치즈 라면일 때 /

분식점의 치즈 라면 주문량은 몇 건인가요?

→ 구해야 할 것

문제 돋보기

✓ 하루 주문량은? → ☐ 건

✓ 라면 주문량은 하루 주문량의 몇 %인지 구하면? → ☐ %

✓ 라면 주문량 중 치즈 라면 주문량의 비율은? → ☐

◆ 구해야 할 것은?

→ _____ 치즈 라면 주문량

풀이 과정

❶ 라면 주문량은?

하루 주문량 중 라면 주문량의 비율을 분수로 나타내면 $\dfrac{\boxed{}}{100}$입니다.

$$(라면\ 주문량) = \boxed{} \times \dfrac{\boxed{}}{100} = \boxed{}\ (건)$$

└→ 하루 주문량

❷ 치즈 라면 주문량은?

$$\boxed{} \times \dfrac{\boxed{}}{10} = \boxed{}\ (건)$$

└→ 라면 주문량

답 _____

왼쪽 ①번과 같이 문제에 색칠하고 밑줄을 그어 가며 문제를 풀어 보세요.

1-1 어느 의류 매장에 옷이 1100벌 있습니다. / 전체 옷의 60 %는 겨울옷이고, / 겨울옷 중 0.35가 스웨터일 때 / 의류 매장에 있는 스웨터는 몇 벌인가요?

문제
돋보기

✓ 전체 옷의 수는?

→ ⬜️ 벌

✓ 겨울옷의 수는 전체 옷의 수의 몇 %인지 구하면?

→ ⬜️ %

✓ 겨울옷의 수 중 스웨터의 수의 비율은?

→ ⬜️

◆ 구해야 할 것은?

→ _____

풀이
과정

❶ 겨울옷의 수는?

전체 옷의 수 중 겨울옷의 수의 비율을 분수로 나타내면 $\dfrac{\boxed{}}{100}$ 입니다.

(겨울옷의 수) = ⬜️ × $\dfrac{\boxed{}}{100}$ = ⬜️ (벌)

❷ 스웨터의 수는?

⬜️ × ⬜️ = ⬜️ (벌)

❸ 답 _____

문제가
어려웠나요?

☐ 어려워요

☐ 적당해요

☐ 쉬워요

91

문장제 연습하기 ✦ 이자율 비교하기

2 광태가 ㉮ 은행에 10000원을 예금했더니 / 1년 후에 10800원이 되었고, /
경재가 ㉯ 은행에 30000원을 예금했더니 / 1년 후에 31500원이 되었습니다. /
1년 동안의 이자율이 더 높은 은행은 어느 은행인가요?

⤷ 구해야 할 것

문제 돋보기

✓ 광태가 ㉮ 은행에 예금한 금액과 1년 후의 금액은?

→ 예금한 금액: ⬚ 원, 1년 후의 금액: ⬚ 원

✓ 경재가 ㉯ 은행에 예금한 금액과 1년 후의 금액은?

→ 예금한 금액: ⬚ 원, 1년 후의 금액: ⬚ 원

◆ 구해야 할 것은?

→ 1년 동안의 이자율이 더 높은 은행

풀이 과정

❶ ㉮ 은행의 1년 동안의 이자율은?

(㉮ 은행의 1년 동안의 이자) = ⬚ − ⬚ = ⬚ (원)

1년 동안의 이자율은 $\dfrac{⬚}{10000} \times 100 =$ ⬚ 이므로 ⬚ %입니다.

❷ ㉯ 은행의 1년 동안의 이자율은?

(㉯ 은행의 1년 동안의 이자) = ⬚ − ⬚ = ⬚ (원)

1년 동안의 이자율은 $\dfrac{⬚}{30000} \times 100 =$ ⬚ 이므로 ⬚ %입니다.

❸ 1년 동안의 이자율이 더 높은 은행은?

두 은행의 1년 동안의 이자율을 비교하면 ⬚ > ⬚ 이므로

1년 동안의 이자율이 더 높은 은행은 ⬚ 은행입니다.

답 _____

왼쪽 **2**번과 같이 문제에 색칠하고 밑줄을 그어 가며 문제를 풀어 보세요.

2-1 창진이가 열정 은행에 20000원을 예금했더니 / 1년 후에 20400원이 되었고, / 유정이가 긍정 은행에 25000원을 예금했더니 / 1년 후에 26000원이 되었습니다. / 1년 동안의 이자율이 더 낮은 은행은 어느 은행인가요?

문제 돋보기

✔ 창진이가 열정 은행에 예금한 금액과 1년 후의 금액은?

→ 예금한 금액: ☐ 원, 1년 후의 금액: ☐ 원

✔ 유정이가 긍정 은행에 예금한 금액과 1년 후의 금액은?

→ 예금한 금액: ☐ 원, 1년 후의 금액: ☐ 원

◆ 구해야 할 것은?

→ _____

풀이 과정

❶ 열정 은행의 1년 동안의 이자율은?

(열정 은행의 1년 동안의 이자) = ☐ − ☐ = ☐ (원)

1년 동안의 이자율은 $\dfrac{☐}{20000} \times 100 =$ ☐ 이므로 ☐ %입니다.

❷ 긍정 은행의 1년 동안의 이자율은?

(긍정 은행의 1년 동안의 이자) = ☐ − ☐ = ☐ (원)

1년 동안의 이자율은 $\dfrac{☐}{25000} \times 100 =$ ☐ 이므로 ☐ %입니다.

❸ 1년 동안의 이자율이 더 낮은 은행은?

두 은행의 1년 동안의 이자율을 비교하면 ☐ < ☐ 이므로

1년 동안의 이자율이 더 낮은 은행은 ☐ 은행입니다.

❹ 답 _____

문제가 어려웠나요?

☐ 어려워요
☐ 적당해요
☐ 쉬워요

문제를 읽고 '연습하기'에서 했던 것처럼 밑줄을 그어 가며 문제를 풀어 보세요.

1 창고에 음료수가 2400개 있습니다. 전체 음료수의 25 %는 주스이고, 주스 중 0.35가 오렌지 주스일 때 창고에 있는 오렌지 주스는 몇 개인가요?

❶ 주스의 수는?

❷ 오렌지 주스의 수는?

답 _____

2 서원이네 학교 도서관에는 책이 5000권 있습니다. 전체 책의 45 %는 소설책이고, 소설책 중 $\dfrac{7}{10}$이 한국 소설책일 때 도서관에 있는 한국 소설책은 몇 권인가요?

❶ 소설책의 수는?

❷ 한국 소설책의 수는?

답 _____

3 예찬이가 동해 은행에 50000원을 예금했더니 1년 후에 51500원이 되었고,
범구가 백두 은행에 60000원을 예금했더니 1년 후에 63000원이 되었습니다.
1년 동안의 이자율이 더 높은 은행은 어느 은행인가요?

❶ 동해 은행의 1년 동안의 이자율은?

❷ 백두 은행의 1년 동안의 이자율은?

❸ 1년 동안의 이자율이 더 높은 은행은?

답 _____

4 라희는 ㉮ 은행에 100000원을 예금했더니 1년 후에 107000원이 되었고,
진경이는 ㉯ 은행에 70000원을 예금했더니 1년 후에 73500원이 되었습니다.
1년 동안의 이자율이 더 낮은 은행은 어느 은행인가요?

❶ ㉮ 은행의 1년 동안의 이자율은?

❷ ㉯ 은행의 1년 동안의 이자율은?

❸ 1년 동안의 이자율이 더 낮은 은행은?

답 _____

14일 단원 마무리

84쪽 비교하는 양(기준량)을 구하여 비 구하기

1 냉장고에 사과가 10개 있고, 배는 사과보다 4개 더 적습니다. 사과의 수와 배의 수의 비를 써 보세요.

풀이

답 _____

86쪽 가격이 변한 비율 구하기

2 어느 가게에서 작년에는 사탕 한 개를 500원에 판매했고, 올해는 사탕 한 개를 600원에 판매하고 있습니다. 올해 사탕 한 개의 가격은 작년에 비해 몇 % 올랐는지 구해 보세요.

풀이

답 _____

92쪽 이자율 비교하기

3 흥민이는 ㉮ 은행에 80000원을 예금했더니 1년 후에 이자로 6400원을 받았고, 민재는 ㉯ 은행에 95000원을 예금했더니 1년 후에 이자로 9500원을 받았습니다. 1년 동안의 이자율이 더 높은 은행은 어느 은행인가요?

풀이

답 _____

90쪽 비교하는 양 구하기

4 넓이가 2100 m²인 밭의 35 %에 토마토를 심었습니다. 그중 $\dfrac{4}{5}$가 방울토마토일 때 방울토마토를 심은 밭의 넓이는 몇 m²인가요?

풀이

답 _____

90쪽 비교하는 양 구하기

5 관희네 학교 학생은 320명입니다. 전체 학생의 40 %는 간식으로 빵을 먹었고, 빵을 먹은 학생 중 0.25가 크림빵을 먹었을 때 관희네 학교 학생 중 간식으로 크림빵을 먹은 학생은 몇 명인가요?

풀이

답 _____

86쪽 가격이 변한 비율 구하기

6 어느 가게에서 작년에는 머리핀 4개를 10000원에 판매했고, 올해는 머리핀 5개를 10000원에 판매하고 있습니다. 올해 머리핀 한 개의 가격은 작년에 비해 몇 % 내렸는지 구해 보세요.

(풀이)

탑 _____

84쪽 비교하는 양(기준량)을 구하여 비 구하기

7 신비는 친구들과 달리기를 했습니다. 신비는 120 m를 달렸고, 은하는 신비보다 10 m 더 많이 달렸고, 예원이는 은하보다 15 m 더 적게 달렸습니다. 신비가 달린 거리에 대한 예원이가 달린 거리의 비를 써 보세요.

(풀이)

탑 _____

92쪽 이자율 비교하기

8 도훈이가 사랑 은행에 11000원을 예금했더니 1년 후에 11990원이 되었고, 정은이가 우정 은행에 35000원을 예금했더니 1년 후에 38500원이 되었습니다. 1년 동안의 이자율이 더 낮은 은행은 어느 은행인가요?

(풀이)

탑 _____

92쪽 이자율 비교하기

9 오른쪽은 희찬이가 ㉮ 은행과 ㉯ 은행에 각각 예금한 금액과 1년 후에 찾은 금액입니다. 1년 동안의 이자율이 더 높은 은행은 어느 은행인가요?

	예금한 금액	찾은 금액
㉮ 은행	30000원	32100원
㉯ 은행	80000원	84800원

⟮풀이⟯

🅐 _____

90쪽 비교하는 양 구하기

10 영지네 학교 6학년 학생 200명이 수학여행 장소 투표를 했습니다. 전체 학생의 60 %는 바다를 골랐고, 바다를 고른 학생 중 45 %가 여학생일 때 영지네 학교 6학년 학생 중 수학여행 장소로 바다를 고른 남학생은 바다를 고른 여학생보다 몇 명 더 많은가요?

도전 문제

❶ 바다를 고른 학생 수는?

❷ 바다를 고른 여학생 수는?

❸ 바다를 고른 남학생은 바다를 고른 여학생보다 몇 명 더 많은지 구하면?

🅐 _____

왕관을 꾸밀 보석을
찾으러 가 볼까?

여러 가지 그래프

✿ 찾아야 할 보석

함께 풀어 봐요!

보석을 찾으며 빈칸에 알맞은 수나 말을 써 보세요.

취미별 학생 수

춤 (26 %)	독서 (24 %)
요리 (30 %)	운동 (20 %)

가장 많은 학생들의
취미는 백분율이 가장
높은 [   ](이)야.

좋아하는 꽃별 학생 수

장미 (42 %)	무궁화 (32 %)	튤립 (26 %)

전체 학생 중 32 %의 학생이 좋아하는 꽃은

[   ] 이고 튤립을 좋아하는 학생은

전체의 [   ] %야.

위의 띠그래프에서 전체 학생 수가

50명이라면 장미를 좋아하는 학생은

$50 \times \dfrac{\boxed{}}{100} = \boxed{}$ (명)이야.

1 승진이네 아파트 동별 자동차 수를 조사하여 나타낸 그림그래프입니다. /
자동차가 가장 많은 동과 가장 적은 동의 / 자동차 수의 차는 몇 대인가요?
└→ 구해야 할 것

승진이네 아파트 동별 자동차 수

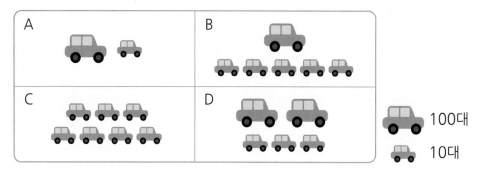

 문제 돋보기

✔ 각 그림이 나타내는 자동차 수는?

→ 🚗 [   ] 대, 🚗 [   ] 대

◆ 구해야 할 것은?

→ 자동차가 가장 많은 동과 가장 적은 동의 자동차 수의 차

 풀이 과정

❶ 자동차가 가장 많은 동과 가장 적은 동의 자동차 수는?

큰 그림과 작은 그림의 수를 차례대로 비교하면

자동차가 가장 많은 동은 [   ] 동으로 자동차 수는 [   ] 대이고,

자동차가 가장 적은 동은 [   ] 동으로 자동차 수는 [   ] 대입니다.

❷ 자동차가 가장 많은 동과 가장 적은 동의 자동차 수의 차는?

[   ] − [   ] = [   ] (대)

답 _____

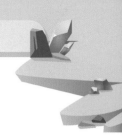

왼쪽 ①번과 같이 문제에 색칠하고 밑줄을 그어 가며 문제를 풀어 보세요.

1-1 과수원별 귤 수확량을 조사하여 나타낸 그림그래프입니다. / 네 과수원의 귤 수확량의 합이 9600 kg일 때 / ㉮ 과수원의 귤 수확량은 몇 kg인가요?

과수원별 귤 수확량

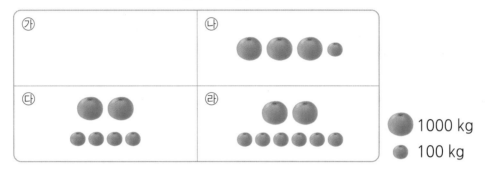

문제 돋보기

✓ 각 그림이 나타내는 귤 수확량은?

→ 🍊 [　　　] kg, 🍊 [　　　] kg

◆ 구해야 할 것은?

→ _____

풀이 과정

❶ ㉯, ㉰, ㉱ 과수원의 귤 수확량은?

🍊은 [　　　] kg을 나타내고, 🍊은 [　　　] kg을 나타내므로

㉯ 과수원의 귤 수확량은 [　　　] kg, ㉰ 과수원의 귤 수확량은 [　　　] kg,

㉱ 과수원의 귤 수확량은 [　　　] kg입니다.

❷ ㉮ 과수원의 귤 수확량은?

9600 − ([　　　] + [　　　] + [　　　]) = [　　　] (kg)
　　　　　└→ ㉯, ㉰, ㉱ 과수원의 귤 수확량의 합

❸ **답** _____

문제가 어려웠나요?
☐ 어려워요
☐ 적당해요
☐ 쉬워요

 2 소미네 학교 학생들이 / 좋아하는 색깔을 조사하여 나타낸 표입니다. / 띠그래프로 나타내어 보세요.

↪ 구해야 할 것

좋아하는 색깔별 학생 수

색깔	흰색	초록색	하늘색	빨간색	합계
학생 수(명)	100	175	125		500

문제 돋보기

✓ 색깔별 좋아하는 학생 수는?

→ 흰색: [　　] 명, 초록색: [　　] 명, 하늘색: [　　] 명

✓ 조사한 전체 학생 수는? → [　　] 명

◆ 구해야 할 것은?

→ _____띠그래프로 나타내기_____

 풀이 과정

❶ 빨간색을 좋아하는 학생 수는?

$$500 - (\boxed{} + \boxed{} + \boxed{}) = \boxed{} \text{(명)}$$

↳ 흰색, 초록색, 하늘색을 좋아하는 학생 수의 합

❷ 좋아하는 색깔별 백분율은?

흰색: $\dfrac{\boxed{}}{500} \times 100 = \boxed{}$ %, 초록색: $\dfrac{\boxed{}}{500} \times 100 = \boxed{}$ %,

하늘색: $\dfrac{\boxed{}}{500} \times 100 = \boxed{}$ %, 빨간색: $\dfrac{\boxed{}}{500} \times 100 = \boxed{}$ %

답

좋아하는 색깔별 학생 수

```
0    10   20   30   40   50   60   70   80   90   100(%)
```

왼쪽 **2**번과 같이 문제에 색칠하고 밑줄을 그어 가며 문제를 풀어 보세요.

2-1 상우네 반 학급 문고에 있는 책을 / 종류별로 조사하여 나타낸 표입니다. /
원그래프로 나타내어 보세요.

종류별 책 수

종류	과학책	소설책	역사책	동화책	합계
책 수(권)	32		48	56	160

문제 돋보기

✓ 종류별 책 수는? → 과학책: [　]권, 역사책: [　]권, 동화책: [　]권

✓ 상우네 반 학급 문고에 있는 전체 책 수는? → [　]권

◆ 구해야 할 것은?

→ _____

풀이 과정

❶ 소설책의 수는?

$160 - (\boxed{} + \boxed{} + \boxed{}) = \boxed{}$ (권)

❷ 책의 종류별 백분율은?

과학책: $\dfrac{\boxed{}}{160} \times 100 = \boxed{}$ %, 소설책: $\dfrac{\boxed{}}{160} \times 100 = \boxed{}$ %,

역사책: $\dfrac{\boxed{}}{160} \times 100 = \boxed{}$ %, 동화책: $\dfrac{\boxed{}}{160} \times 100 = \boxed{}$ %

답

종류별 책 수

```
        0
   75   ┃   25

        50
```

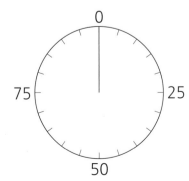

문제가
어려웠나요?

☐ 어려워요
☐ 적당해요
☐ 쉬워요

107

문제를 읽고 '연습하기'에서 했던 것처럼 밑줄을 그어 가며 문제를 풀어 보세요.

1 마을별 학생 수를 조사하여 나타낸 그림그래프입니다. 네 마을의 학생 수의 합이 950명일 때 사랑 마을의 학생 수는 몇 명인가요?

마을별 학생 수

👤100명 👤10명

❶ 행복, 초록, 소망 마을의 학생 수는?

❷ 사랑 마을의 학생 수는?

답 _____

2 위 **1**의 그림그래프에서 학생 수가 둘째로 많은 마을과 둘째로 적은 마을의 학생 수의 차는 몇 명인가요?

❶ 학생 수가 둘째로 많은 마을과 둘째로 적은 마을의 학생 수는?

❷ 학생 수가 둘째로 많은 마을과 둘째로 적은 마을의 학생 수의 차는?

답 _____

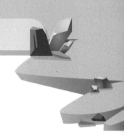

3 진우네 가족이 채소를 심은 텃밭의 넓이를 조사하여 나타낸 표입니다. 원그래프로 나타내어 보세요.

채소를 심은 텃밭의 넓이

채소	감자	고추	파	합계
넓이(m^2)	18	8		40

❶ 파를 심은 텃밭의 넓이는?

❷ 채소를 심은 텃밭의 넓이의 백분율은? ┄┄┄┄┄➤ 답

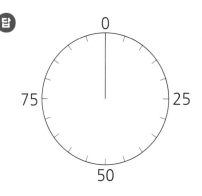

4 하늘 초등학교 6학년 학생들이 태어난 계절을 조사하여 나타낸 표입니다. 띠그래프로 나타내어 보세요.

태어난 계절별 학생 수

계절	봄	여름	가을	겨울	합계
학생 수(명)		9	18	15	60

❶ 봄에 태어난 학생 수는?

❷ 태어난 계절별 백분율은?

답

태어난 계절별 학생 수

```
0    10   20   30   40   50   60   70   80   90   100(%)
```

16일 문장제 연습하기 ✦항목의 수량 구하기

1 형진이네 학교 학생 400명을 대상으로 /

학생 회장 후보별 지지율을 조사하여 나타낸 원그래프입니다. /

다인이를 지지하는 학생은 몇 명인가요?

┗━━▶ 구해야 할 것

학생 회장 후보별 지지율

문제 돋보기

✔ 지지율을 조사한 전체 학생 수는? → ◻ 명

✔ 학생 회장 후보별 지지율은?

→ 형진: ◻ %, 소미: ◻ %, 찬혁: ◻ %, 서윤: ◻ %

◆ 구해야 할 것은?

→ ＿＿＿＿＿다인이를 지지하는 학생 수＿＿＿＿＿

풀이 과정

❶ 다인이의 지지율은 전체의 몇 %인지 구하면?

$100 - (\boxed{} + \boxed{} + \boxed{} + \boxed{}) = \boxed{}$ (%)

┗━▶ 형진, 소미, 찬혁, 서윤이의 지지율의 합

❷ 다인이를 지지하는 학생 수는?

다인이의 지지율을 분수로 나타내면 $\dfrac{\boxed{}}{100}$ 이므로

다인이를 지지하는 학생은 $\boxed{} \times \dfrac{\boxed{}}{100} = \boxed{}$ (명)입니다.

┗ 전체 학생 수　　　┗▶ 다인이의 지지율

답 ＿＿＿＿＿＿＿＿＿＿

110

> 왼쪽 ❶번과 같이 문제에 색칠하고 밑줄을 그어 가며 문제를 풀어 보세요.

1-1 어느 카페에서 하루 동안 판매한 / 음료의 수를 조사하여 나타낸 띠그래프입니다. / 하루 동안 판매한 음료가 모두 200잔일 때 / 판매한 주스는 몇 잔인가요?

음료별 판매량

커피 (43 %)	주스	차 (24 %)	스무디 (10 %)	기타 (8 %)

문제 돋보기

✓ 하루 동안 판매한 음료의 수는?

→ ☐ 잔

✓ 음료별 백분율은?

→ 커피: ☐ %, 차: ☐ %, 스무디: ☐ %, 기타: ☐ %

◆ 구해야 할 것은?

→ _____

풀이 과정

❶ 하루 동안 판매한 주스의 수는 전체의 몇 %인지 구하면?

$100 - (☐ + ☐ + ☐ + ☐) = ☐$ (%)

❷ 하루 동안 판매한 주스의 수는?

하루 동안 판매한 주스의 수의 비율을 분수로 나타내면 $\dfrac{☐}{100}$ 이므로

하루 동안 판매한 주스는 ☐ $\times \dfrac{☐}{100} = ☐$ (잔)입니다.

답 _____

문제가 어려웠나요?

☐ 어려워요

☐ 적당해요

☐ 쉬워요

2 은지네 집의 한 달 생활비의 쓰임새와 / 교육비의 쓰임새를 조사하여 나타낸 그래프입니다. / 은지네 집의 한 달 생활비가 500만 원일 때 / 동생의 한 달 교육비는 얼마인가요?

구해야 할 것 ←

교육비의 쓰임새

생활비의 쓰임새

식품비 (30 %)	주거비 (24 %)	저축 (20 %)	교육비 (15 %)	기타 (11 %)

동생
(40 %) 은지
(60 %)

문제 돋보기

✔ 생활비의 쓰임새 중 교육비의 백분율은? → ☐ %

✔ 교육비의 쓰임새 중 동생의 백분율은? → ☐ %

✔ 은지네 집의 한 달 생활비는? → ☐ 만 원

◆ 구해야 할 것은?

→ _____ 동생의 한 달 교육비 _____

풀이 과정

❶ 은지네 집의 한 달 교육비는?

띠그래프에서 교육비의 비율을 분수로 나타내면 $\dfrac{\boxed{}}{100}$ 이므로

은지네 집의 한 달 교육비는 $\boxed{} \times \dfrac{\boxed{}}{100} = \boxed{}$ (만 원)입니다.

❷ 동생의 한 달 교육비는?

원그래프에서 동생의 비율을 분수로 나타내면 $\dfrac{\boxed{}}{100}$ 이므로

동생의 한 달 교육비는 $\boxed{} \times \dfrac{\boxed{}}{100} = \boxed{}$ (만 원)입니다.

답 _____

왼쪽 **2**번과 같이 문제에 색칠하고 밑줄을 그어 가며 문제를 풀어 보세요.

2-1 어느 음식점에서 고객을 대상으로 / 만족도에 대한 설문 조사를 하여 나타낸 그래프입니다. / 조사한 고객의 수가 300명일 때 / 만족한 이유를 맛이라고 답한 고객은 몇 명인가요?

음식점 이용 만족도

불만족
(20 %)

만족
(80 %)

만족한 이유별 고객 수

맛 (45 %)	가격 (20 %)	친절 (14 %)	위생 (12 %)	기타 (9 %)

문제 돋보기

✔ 만족이라고 답한 고객의 백분율은? → ☐ %

✔ 만족한 이유를 맛이라고 답한 고객의 백분율은? → ☐ %

✔ 조사한 고객의 수는? → ☐ 명

◆ 구해야 할 것은?

→ _____

풀이 과정

❶ 만족이라고 답한 고객의 수는?

원그래프에서 만족의 비율을 분수로 나타내면 $\dfrac{\boxed{}}{100}$ 이므로

만족이라고 답한 고객은 $\boxed{} \times \dfrac{\boxed{}}{100} = \boxed{}$ (명)입니다.

❷ 만족한 이유를 맛이라고 답한 고객의 수는?

띠그래프에서 맛의 비율을 분수로 나타내면 $\dfrac{\boxed{}}{100}$ 이므로 만족한 이유를

맛이라고 답한 고객은 $\boxed{} \times \dfrac{\boxed{}}{100} = \boxed{}$ (명)입니다.

답 _____

문제가
어려웠나요?

☐ 어려워요

☐ 적당해요

☐ 쉬워요

문제를 읽고 '연습하기'에서 했던 것처럼 밑줄을 그어 가며 문제를 풀어 보세요.

1 은아네 학교 학생 800명을 대상으로 가고 싶은 나라를 조사하여 나타낸 원그래프입니다. 스페인에 가고 싶은 학생은 몇 명인가요?

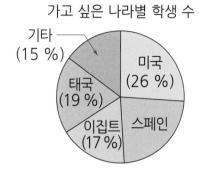

가고 싶은 나라별 학생 수

❶ 스페인에 가고 싶은 학생 수는 전체의 몇 %인지 구하면?

❷ 스페인에 가고 싶은 학생 수는?

답 _____

2 어느 지역 주민들이 관람하고 싶은 공연을 조사하여 나타낸 띠그래프입니다. 조사에 참여한 주민이 1000명이라면 콘서트를 관람하고 싶은 주민은 몇 명인가요?

관람하고 싶은 공연별 주민 수

콘서트	오페라 (31.2 %)	뮤지컬 (17.6 %)	연주회 (10.5 %)	기타 (11.8 %)

❶ 콘서트를 관람하고 싶은 주민 수는 전체의 몇 %인지 구하면?

❷ 콘서트를 관람하고 싶은 주민 수는?

답 _____

3 사랑 초등학교 6학년 학생들이 참여하는 방과후학교 프로그램과 요리부에 참여하는 학생 수를 조사하여 나타낸 그래프입니다. 방과후학교에 참여하는 6학년 학생이 200명일 때 요리부에 참여하는 여학생은 몇 명인가요?

요리부에 참여하는 학생 수

방과후학교 프로그램별 학생 수

댄스부 (30 %)	탁구부 (15 %)	영어부 (25 %)	요리부 (20 %)	미술부 (10 %)

← 미술부
(10 %)

❶ 요리부에 참여하는 학생 수는?

❷ 요리부에 참여하는 여학생 수는?

답 _____

4 위 **3**의 방과후학교 프로그램 중 댄스부에 참여하는 학생 수를 조사하여 나타낸 원그래프입니다. 댄스부에 참여하는 남학생은 몇 명인가요?

댄스부에 참여하는 학생 수

❶ 댄스부에 참여하는 학생 수는?

❷ 댄스부에 참여하는 남학생 수는?

답 _____

104쪽 그림그래프 해석하기

1 음식점별 방문 고객 수를 조사하여 나타낸 그림그래프입니다. 고객이 가장 많이 방문한 음식점과 가장 적게 방문한 음식점의 방문 고객 수의 차는 몇 명인가요?

음식점별 방문 고객 수

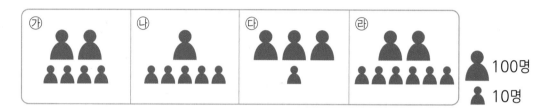

100명
10명

풀이

답 _____

106쪽 비율그래프로 나타내기

2 은아네 반 학생들의 등교 방법을 조사하여 나타낸 표입니다.
원그래프로 나타내어 보세요.

등교 방법별 학생 수

등교 방법	도보	버스	자전거	지하철	합계
학생 수(명)	8		5	3	20

풀이

답 　등교 방법별 학생 수

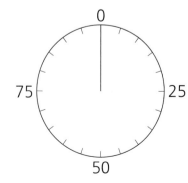

106쪽 비율그래프로 나타내기

3 지우네 학교 학생들이 좋아하는 급식 메뉴를 조사하여 나타낸 표입니다.
띠그래프로 나타내어 보세요.

좋아하는 급식 메뉴별 학생 수

메뉴	불고기	스테이크	짜장면	치킨	합계
학생 수(명)	72	168	96		480

(풀이)

(답) 좋아하는 급식 메뉴별 학생 수

0   10   20   30   40   50   60   70   80   90   100(%)

110쪽 항목의 수량 구하기

4 은우네 학교 학생 600명을 대상으로 스마트폰으로 가장 많이 하는 활동을 조사하여
나타낸 띠그래프입니다. 스마트폰으로 가장 많이 하는 활동이 인터넷인 학생은
몇 명인가요?

스마트폰으로 가장 많이 하는 활동

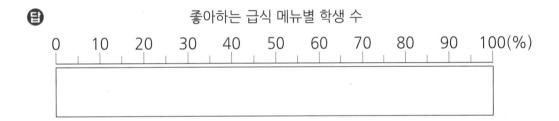

| 게임 (18 %) | 동영상 (29 %) | 메신저 (36 %) | 인터넷 | 전화 (7 %) |

(풀이)

(답)

104쪽 그림그래프 해석하기

5 농장별 키우는 돼지 수를 조사하여 나타낸 그림그래프입니다. 네 농장에서 키우는 돼지의 수의 합이 1380마리일 때 ㉣농장에서 키우는 돼지는 몇 마리인가요?

농장별 키우는 돼지 수

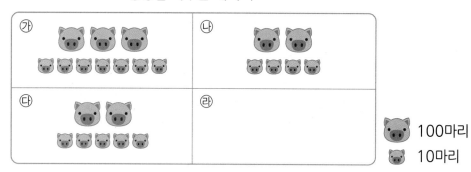

🐷 100마리
🐷 10마리

풀이

답 _____

110쪽 항목의 수량 구하기

6 동물원 입장객 2000명을 대상으로 좋아하는 동물을 조사하여 나타낸 원그래프입니다. 판다를 좋아하는 입장객은 몇 명인가요?

풀이

좋아하는 동물별 입장객 수

답 _____

112쪽 두 그래프를 이용하여 문제 해결하기

7 여행사 누리집 방문객을 대상으로 가고 싶은 역사 유적지와 경복궁에 가고 싶은 사람 수를 조사하여 나타낸 그래프입니다. 조사에 참여한 사람이 800명일 때 경복궁에 가고 싶은 남자는 몇 명인가요?

경복궁에 가고 싶은 사람 수

가고 싶은 역사 유적지별 사람 수

경복궁 (25 %)	동대문 (15 %)	불국사 (35 %)	하회마을 (15 %)	해인사

풀이

답 _____

112쪽 두 그래프를 이용하여 문제 해결하기

8 위 **7**의 가고 싶은 역사 유적지 중 해인사에 가고 싶은 사람 수를 조사하여 나타낸 원그래프입니다. 해인사에 가고 싶은 여자는 몇 명인가요?

도전 문제

해인사에 가고 싶은 사람 수

❶ 해인사에 가고 싶은 사람 수는 전체의 몇 %인지 구하면?

❷ 해인사에 가고 싶은 사람 수는?

❸ 해인사에 가고 싶은 여자의 수는?

답 _____

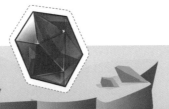

왕관을 꾸밀 보석을
찾으러 가 볼까?

6

직육면체의 부피와 겉넓이

18일
- ✦ 빈틈없이 담을 수 있는 상자의 수 구하기
- ✦ 만들 수 있는 가장 큰 정육면체의 부피 구하기

19일
- ✦ 겉넓이가 같은 정육면체의 모서리의 길이 구하기
- ✦ 부피를 이용하여 겉넓이 구하기

20일 단원 마무리

✿ 찾아야 할 보석

함께 풀어 봐요!

보석을 찾으며 빈칸에 알맞은 수를 써 보세요.

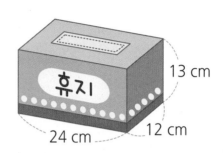

직육면체 모양의 휴지 상자의 가로는 **24 cm**,

세로는 **12 cm**, 높이는 **13 cm**이므로

부피는 $\boxed{} \times \boxed{} \times \boxed{} = \boxed{}$ (cm³)야.

가로가 **8 cm**, 세로가 **2 cm**, 높이가 **16 cm**인

직육면체 모양의 과자 상자의 겉넓이는

$(8 \times 2 + 8 \times \boxed{} + \boxed{} \times \boxed{}) \times 2 = \boxed{}$ (cm²)야.

한 모서리의 길이가 **5 cm**인 정육면체 모양의
블록의 겉넓이는 $\boxed{} \times \boxed{} \times \boxed{} = \boxed{}$ (cm²)야.

1

직육면체 모양의 **통 안쪽은** /

가로가 4 cm, 세로가 6 cm, 높이가 8 cm입니다. /

이 통 안에 **가로가 2 cm, 세로가 3 cm, 높이가 2 cm인** /

직육면체 모양의 상자를 빈틈없이 넣는다면 /

상자는 모두 몇 개 넣을 수 있나요?

⌒⌒⌒⌒⌒⌒⌒
└→ 구해야 할 것

문제 돌보기

✓ 통 안쪽의 가로, 세로, 높이는? → 가로: ☐ cm, 세로: ☐ cm, 높이: ☐ cm

✓ 상자의 가로, 세로, 높이는? → 가로: ☐ cm, 세로: ☐ cm, 높이: ☐ cm

◆ 구해야 할 것은?

→ 통 안에 빈틈없이 넣을 수 있는 상자의 수

풀이 과정

❶ 가로, 세로, 높이로 놓는 상자의 수는?

(가로로 놓는 상자의 수)＝(통 안쪽의 가로)÷(상자의 가로)

＝ ☐ ÷ ☐ ＝ ☐ (개)

(세로로 놓는 상자의 수)＝(통 안쪽의 세로)÷(상자의 세로)

＝ ☐ ÷ ☐ ＝ ☐ (개)

(높이로 쌓는 상자의 수)＝(통 안쪽의 높이)÷(상자의 높이)

＝ ☐ ÷ ☐ ＝ ☐ (개)

❷ 통 안에 빈틈없이 넣을 수 있는 상자의 수는?

높이로 쌓는 상자의 수 ┐

☐ × ☐ × ☐ ＝ ☐ (개)

가로로 놓는 상자의 수 ┘   └ 세로로 놓는 상자의 수

답 _____

왼쪽 **1**번과 같이 문제에 색칠하고 밑줄을 그어 가며 문제를 풀어 보세요.

1-1 직육면체 모양의 상자 안쪽은 / 가로가 8 cm, 세로가 10 cm, 높이가 6 cm입니다. / 이 상자 안에 가로가 2 cm, 세로가 5 cm, 높이가 2 cm인 / 직육면체 모양의 지우개를 빈틈없이 넣는다면 / 지우개는 모두 몇 개 넣을 수 있나요?

문제 돋보기

✓ 상자 안쪽의 가로, 세로, 높이는?

→ 가로: ◻ cm, 세로: ◻ cm, 높이: ◻ cm

✓ 지우개의 가로, 세로, 높이는?

→ 가로: ◻ cm, 세로: ◻ cm, 높이: ◻ cm

◆ 구해야 할 것은?

→ _____

풀이 과정

❶ 가로, 세로, 높이로 놓는 지우개의 수는?

(가로로 놓는 지우개의 수)＝(상자 안쪽의 가로)÷(지우개의 가로)

＝ ◻ ÷ ◻ ＝ ◻ (개)

(세로로 놓는 지우개의 수)＝(상자 안쪽의 세로)÷(지우개의 세로)

＝ ◻ ÷ ◻ ＝ ◻ (개)

(높이로 쌓는 지우개의 수)＝(상자 안쪽의 높이)÷(지우개의 높이)

＝ ◻ ÷ ◻ ＝ ◻ (개)

❷ 상자 안에 빈틈없이 넣을 수 있는 지우개의 수는?

◻ × ◻ × ◻ ＝ ◻ (개)

답 _____

문제가 어려웠나요?

☐ 어려워요
☐ 적당해요
☐ 쉬워요

125

오른쪽과 같은 **직육면체 모양의 떡**을 잘라서 /
정육면체 모양으로 만들려고 합니다. /
만들 수 있는 가장 큰 정육면체 모양의 부피는
몇 cm³인가요?　　　→ 구해야 할 것

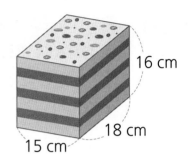

16 cm
18 cm
15 cm

 문제 돋보기

✓ 떡의 가로, 세로, 높이는?

→ 가로: ⟨ 15 ⟩ cm, 세로: ⟨　　⟩ cm, 높이: ⟨　　⟩ cm

✓ 떡을 잘라서 만들려는 모양은?

→ ⟨　　　　　　⟩

◆ 구해야 할 것은?

→ 　　　　만들 수 있는 가장 큰 정육면체 모양의 부피 　　　　

 풀이 과정

❶ 만들 수 있는 가장 큰 정육면체의 한 모서리의 길이는?

떡의 가로, 세로, 높이 중
가장 (긴 , 짧은) 길이가 정육면체의 한 모서리의 길이가 되므로
→ 알맞은 말에 ○표 하기

한 모서리의 길이는 ⟨　　　⟩ cm입니다.

❷ 만들 수 있는 가장 큰 정육면체 모양의 부피는?

⟨　　⟩ × ⟨　　⟩ × ⟨　　⟩ = ⟨　　　⟩ (cm³)

탑 _____

126

왼쪽 **2** 번과 같이 문제에 색칠하고 밑줄을 그어 가며 문제를 풀어 보세요.

2-1 오른쪽과 같은 직육면체 모양의 빵을 잘라서 /
정육면체 모양으로 만들려고 합니다. /
만들 수 있는 가장 큰 정육면체 모양의 부피는
몇 cm³인가요?

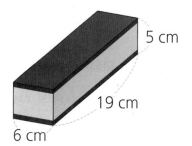

5 cm

19 cm

6 cm

문제 돋보기

✔ 빵의 가로, 세로, 높이는?

→ 가로: ☐ cm, 세로: ☐ cm, 높이: ☐ cm

✔ 빵을 잘라서 만들려는 모양은?

→ ☐

◆ 구해야 할 것은?

→ _____

풀이 과정

❶ 만들 수 있는 가장 큰 정육면체의 한 모서리의 길이는?

빵의 가로, 세로, 높이 중

가장 (긴 , 짧은) 길이가 정육면체의 한 모서리의 길이가 되므로

한 모서리의 길이는 ☐ cm입니다.

❷ 만들 수 있는 가장 큰 정육면체 모양의 부피는?

☐ × ☐ × ☐ = ☐ (cm³)

답 _____

문제가
어려웠나요?

☐ 어려워요
☐ 적당해요
☐ 쉬워요

127

문제를 읽고 '연습하기'에서 했던 것처럼 밑줄을 그어 가며 문제를 풀어 보세요.

1 직육면체 모양의 상자 안쪽은 가로가 3 cm, 세로가 7 cm, 높이가 16 cm입니다.
이 상자 안에 가로가 3 cm, 세로가 1 cm, 높이가 4 cm인 직육면체 모양의 나무토막을
빈틈없이 넣는다면 나무토막은 모두 몇 개 넣을 수 있나요?

❶ 가로, 세로, 높이로 놓는 나무토막의 수는?

❷ 상자 안에 빈틈없이 넣을 수 있는 나무토막의 수는?

답 _____

2 직육면체 모양의 서랍 안쪽은 가로가 24 cm, 세로가 30 cm, 높이가 35 cm입니다.
이 서랍 안에 가로가 6 cm, 세로가 5 cm, 높이가 7 cm인 직육면체 모양의 블록을
빈틈없이 넣는다면 블록은 모두 몇 개 넣을 수 있나요?

❶ 가로, 세로, 높이로 놓는 블록의 수는?

❷ 서랍 안에 빈틈없이 넣을 수 있는 블록의 수는?

답 _____

3 오른쪽과 같은 직육면체 모양의 버터를 잘라서 정육면체 모양으로 만들려고 합니다. 만들 수 있는 가장 큰 정육면체 모양의 부피는 몇 cm³인가요?

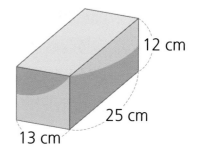

❶ 만들 수 있는 가장 큰 정육면체의 한 모서리의 길이는?

❷ 만들 수 있는 가장 큰 정육면체 모양의 부피는?

답 _____

4 오른쪽과 같은 직육면체 모양의 두부를 잘라서 정육면체 모양으로 만들려고 합니다. 만들 수 있는 가장 큰 정육면체 모양의 부피는 몇 cm³인가요?

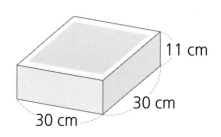

❶ 만들 수 있는 가장 큰 정육면체의 한 모서리의 길이는?

❷ 만들 수 있는 가장 큰 정육면체 모양의 부피는?

답 _____

1 정육면체 ㉮의 겉넓이는 /

직육면체 ㉯의 겉넓이와 같습니다. /

정육면체 ㉮의 한 모서리의 길이는

몇 cm인가요? └──▶ 구해야 할 것

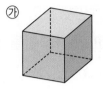

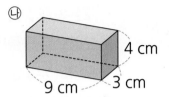

9 cm 3 cm 4 cm

문제 돋보기

✔ 정육면체 ㉮의 겉넓이는?

→ (㉮의 겉넓이)=(□의 겉넓이)

◆ 구해야 할 것은?

→ ___정육면체 ㉮의 한 모서리의 길이___

풀이 과정

❶ 직육면체 ㉯의 겉넓이는?

(9×3+9×4+□×□)×□=□ (cm²)

❷ 정육면체 ㉮의 한 면의 넓이는?

(㉮의 겉넓이)=(㉯의 겉넓이)=□ cm²

(㉮의 한 면의 넓이)×6=□ 이므로

(㉮의 한 면의 넓이)=□÷6=□ (cm²)입니다.

❸ 정육면체 ㉮의 한 모서리의 길이는?

㉮의 한 면의 넓이는 □ cm²이므로

(한 모서리의 길이)×(한 모서리의 길이)=□ 입니다.

□×□=□ 이므로 한 모서리의 길이는 □ cm입니다.

└──▶ 같은 두 수의 곱

답 _____

130

왼쪽 ❶번과 같이 문제에 색칠하고 밑줄을 그어 가며 문제를 풀어 보세요.

1-1 정육면체 ㉮의 겉넓이는 /
직육면체 ㉯의 겉넓이와 같습니다. /
정육면체 ㉮의 한 모서리의 길이는
몇 cm인가요?

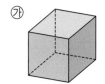 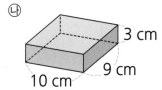
3 cm
10 cm
9 cm

**문제
돋보기**

✓ 정육면체 ㉮의 겉넓이는?

→ (㉮의 겉넓이)=(☐ 의 겉넓이)

◆ 구해야 할 것은?

→ _____

**풀이
과정**

❶ 직육면체 ㉯의 겉넓이는?

$(10×9+10×3+ \boxed{} × \boxed{}) × \boxed{} = \boxed{}$ (cm²)

❷ 정육면체 ㉮의 한 면의 넓이는?

(㉮의 겉넓이)=(㉯의 겉넓이)= $\boxed{}$ cm²

(㉮의 한 면의 넓이)×6= $\boxed{}$ 이므로

(㉮의 한 면의 넓이)= $\boxed{}$ ÷6= $\boxed{}$ (cm²)입니다.

❸ 정육면체 ㉮의 한 모서리의 길이는?

㉮의 한 면의 넓이는 $\boxed{}$ cm²이므로

(한 모서리의 길이)×(한 모서리의 길이)= $\boxed{}$ 입니다.

$\boxed{} × \boxed{} = \boxed{}$ 이므로 한 모서리의 길이는 $\boxed{}$ cm입니다.

문제가
어려웠나요?

☐ 어려워요

☐ 적당해요

☐ 쉬워요

답 _____

2 오른쪽 직육면체의 부피가 480 cm³일 때 /

겉넓이는 몇 cm²인가요?

~~~> 구해야 할 것

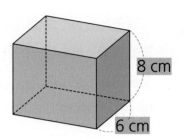

8 cm

6 cm

**문제
돌보기**

✓ 직육면체의 세로와 높이는?

→ 세로: ☐ cm, 높이: ☐ cm

✓ 직육면체의 부피는?

→ ☐ cm³

◆ 구해야 할 것은?

→ _____ 직육면체의 겉넓이 _____

**풀이
과정**

❶ 직육면체의 가로는?

(직육면체의 부피)＝(가로)×(세로)×(높이)이므로

(가로)×6×8＝☐ ,

(가로)×48＝☐ ,

(가로)＝☐ ÷48＝☐ (cm)입니다.

❷ 직육면체의 겉넓이는?

(☐ ×6＋☐ ×8＋6×8)×☐ ＝☐ (cm²)

답 _____

132

왼쪽 ②번과 같이 문제에 색칠하고 밑줄을 그어 가며 문제를 풀어 보세요.

2-1 오른쪽 직육면체의 부피가 135 cm³일 때 /
겉넓이는 몇 cm²인가요?

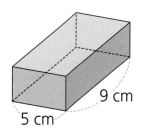

9 cm

5 cm

문제 돌보기

✓ 직육면체의 가로와 세로는?

→ 가로: ☐ cm, 세로: ☐ cm

✓ 직육면체의 부피는?

→ ☐ cm³

◆ 구해야 할 것은?

→ _____

풀이 과정

❶ 직육면체의 높이는?

(직육면체의 부피)＝(가로)×(세로)×(높이)이므로

5×9×(높이)＝☐ ,

45×(높이)＝☐ ,

(높이)＝☐ ÷45＝☐ (cm)입니다.

❷ 직육면체의 겉넓이는?

(5×9+5×☐ +9×☐)×☐ ＝☐ (cm²)

답 _____

문제가
어려웠나요?

☐ 어려워요

☐ 적당해요

☐ 쉬워요

문제를 읽고 '연습하기'에서 했던 것처럼 밑줄을 그어 가며 문제를 풀어 보세요.

1 정육면체 ㉮의 겉넓이는 직육면체 ㉯의 겉넓이와
같습니다. 정육면체 ㉮의 한 모서리의 길이는
몇 cm인가요?

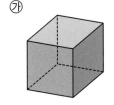 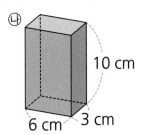

10 cm
6 cm   3 cm

❶ 직육면체 ㉯의 겉넓이는?

❷ 정육면체 ㉮의 한 면의 넓이는?

❸ 정육면체 ㉮의 한 모서리의 길이는?

답 _____

2 정육면체 ㉮의 겉넓이는 직육면체 ㉯의 겉넓이와
같습니다. 정육면체 ㉮의 한 모서리의 길이는
몇 cm인가요?

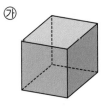 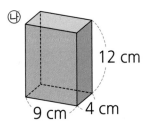

12 cm
9 cm   4 cm

❶ 직육면체 ㉯의 겉넓이는?

❷ 정육면체 ㉮의 한 면의 넓이는?

❸ 정육면체 ㉮의 한 모서리의 길이는?

답 _____

3 오른쪽 직육면체의 부피가 240 cm³일 때 겉넓이는 몇 cm²인가요?

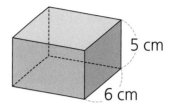

❶ 직육면체의 가로는?

❷ 직육면체의 겉넓이는?

답 _____

4 오른쪽 직육면체의 부피가 56 cm³일 때 겉넓이는 몇 cm²인가요?

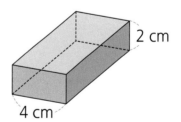

❶ 직육면체의 세로는?

❷ 직육면체의 겉넓이는?

답 _____

124쪽 빈틈없이 담을 수 있는 상자의 수 구하기

1 직육면체 모양의 상자 안쪽은 가로가 6 cm, 세로가 10 cm, 높이가 8 cm입니다.
이 상자 안에 한 모서리의 길이가 2 cm인 정육면체 모양의 쌓기나무를 빈틈없이
넣는다면 쌓기나무는 모두 몇 개 넣을 수 있나요?

(풀이)

답 _____

130쪽 겉넓이가 같은 정육면체의 모서리의 길이 구하기

2 겉넓이가 같은 정육면체와 직육면체가 있습니다. 직육면체의 겉넓이가 54 cm²일 때
정육면체의 한 모서리의 길이는 몇 cm인가요?

(풀이)

답 _____

126쪽 만들 수 있는 가장 큰 정육면체의 부피 구하기

3 오른쪽과 같은 직육면체 모양의 케이크를 잘라서
정육면체 모양으로 만들려고 합니다. 만들 수 있는
가장 큰 정육면체 모양의 부피는 몇 cm³인가요?

(풀이)

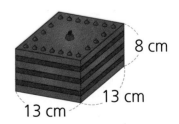
8 cm
13 cm
13 cm

답 _____

132쪽 부피를 이용하여 겉넓이 구하기

4 오른쪽 직육면체의 부피가 144 cm³일 때 겉넓이는 몇 cm²인가요?

풀이

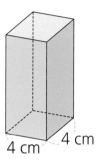

답 _____

130쪽 겉넓이가 같은 정육면체의 모서리의 길이 구하기

5 정육면체 ㉮의 겉넓이는 직육면체 ㉯의 겉넓이와 같습니다. 정육면체 ㉮의 한 모서리의 길이는 몇 cm인가요?

풀이

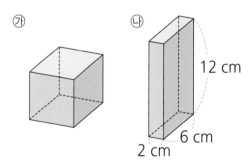

답 _____

126쪽 만들 수 있는 가장 큰 정육면체의 부피 구하기

6 오른쪽과 같은 직육면체 모양의 치즈를 잘라서
정육면체 모양으로 만들려고 합니다. 만들 수 있는
가장 큰 정육면체 모양의 부피는 몇 cm³인가요?

13 cm
20 cm
28 cm

풀이

답 _____

124쪽 빈틈없이 담을 수 있는 상자의 수 구하기

7 직육면체 모양의 컨테이너 안쪽은 가로가 3 m, 세로가 6 m, 높이가 4 m입니다.
이 컨테이너 안에 가로가 50 cm, 세로가 100 cm, 높이가 40 cm인 직육면체
모양의 상자를 빈틈없이 넣는다면 상자는 모두 몇 개 넣을 수 있나요?

풀이

답 _____

132쪽 부피를 이용하여 겉넓이 구하기

8 오른쪽 직육면체의 높이는 가로의 2배입니다. 이 직육면체의 부피가
90 cm³일 때 겉넓이는 몇 cm²인가요?

풀이

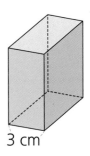

3 cm

답 _____

130쪽 겉넓이가 같은 정육면체의 모서리의 길이 구하기

9 직육면체 ㉯의 겉넓이는 정육면체 ㉮의
겉넓이의 2배입니다. 정육면체 ㉮의
한 모서리의 길이는 몇 cm인가요?

㉮   ㉯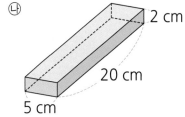

2 cm
20 cm
5 cm

풀이

답 _____

126쪽 만들 수 있는 가장 큰 정육면체의 부피 구하기

10

도전 문제

오른쪽과 같은 직육면체 모양의 묵을 잘라서
정육면체 모양으로 만들려고 합니다. 만들 수 있는
가장 큰 정육면체 모양의 부피는 몇 cm³이고
정육면체 모양의 묵은 모두 몇 모까지 만들 수 있나요?

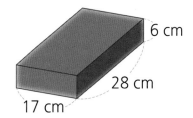

6 cm
28 cm
17 cm

❶ 만들 수 있는 가장 큰 정육면체의 한 모서리의 길이는?

❷ 만들 수 있는 가장 큰 정육면체의 부피는?

❸ 만들 수 있는 정육면체 모양의 묵의 수는?

답 _____ , _____

1 바구니에 크림빵이 8개 있고, 소보로빵은 크림빵보다 3개 더 많이 있습니다.
소보로빵의 수에 대한 크림빵의 수의 비를 써 보세요.

(풀이)

답 _____

2 소망이는 음료수를 $1\frac{1}{4}$ L씩 2병 사서 친구 8명에게 똑같이 나누어 주려고 합니다.
친구 한 명에게 나누어 줄 수 있는 음료수는 몇 L인가요?

(풀이)

답 _____

3 밑면의 모양이 각각 오른쪽과 같은 각기둥과
각뿔이 있습니다. 꼭짓점이 더 많은 입체도형의
이름을 써 보세요.

(풀이)

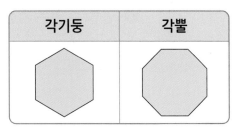

답 _____

4 소미네 학교 6학년 학생들의 혈액형을 조사하여 나타낸 표입니다.
띠그래프로 나타내어 보세요.

혈액형별 학생 수

혈액형	A형	B형	O형	AB형	합계
학생 수(명)	24	36		42	120

풀이

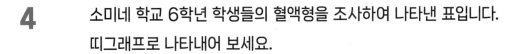

답   혈액형별 학생 수

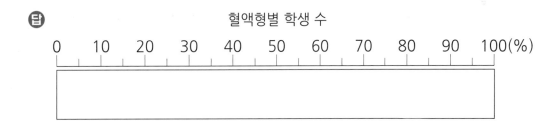

5 어떤 일을 아버지가 혼자 하면 12시간이 걸리고, 유진이가 혼자 하면 24시간이
걸립니다. 한 사람이 한 시간 동안 하는 일의 양은 각각 일정하다고 할 때, 아버지와
유진이가 함께 한다면 이 일을 모두 마치는 데 몇 시간이 걸리나요?

풀이

답 _____

6 어떤 수를 6으로 나누어야 할 것을 잘못하여 곱했더니 84.24가 되었습니다.
바르게 계산한 값은 얼마인가요?

(풀이)

답 _____

7 오른쪽 직육면체의 부피가 140 cm³일 때
겉넓이는 몇 cm²인가요?

(풀이)

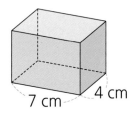
7 cm   4 cm

답 _____

8 승아와 친구들이 딸기를 먹었습니다. 승아는 21개를 먹었고, 수진이는 승아보다 8개
더 적게 먹었고, 재훈이는 수진이보다 13개 더 많이 먹었습니다. 재훈이가 먹은 딸기의
수에 대한 승아가 먹은 딸기의 수의 비를 써 보세요.

(풀이)

답 _____

9 밑면이 정삼각형인 삼각기둥의 전개도에서
직사각형 ㄱㄴㄷㄹ의 넓이는 108 cm²입니다.
선분 ㄹㄷ의 길이는 몇 cm인가요?

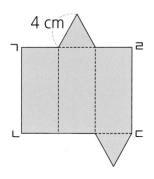

(풀이)

(답) _____

10 기차가 1분에 3 km를 가는 빠르기로 터널을 통과하려고 합니다. 터널의 길이는
31.4 km이고, 기차의 길이는 0.4 km입니다. 기차가 터널을 완전히 통과하는 데
걸리는 시간은 몇 분 몇 초인가요?

(풀이)

(답) _____

1 면이 9개인 각뿔 모양의 과자 상자가 있습니다. 이 상자의 모서리는 몇 개인가요?

（풀이）

답 _____

2 4분 동안 1.8 cm씩 일정한 빠르기로 타는 양초가 있습니다. 이 양초가 15분 동안 타는 길이는 몇 cm인가요?

（풀이）

답 _____

3 오른쪽과 같은 직육면체 모양의 떡을 잘라서 정육면체 모양으로 만들려고 합니다. 만들 수 있는 가장 큰 정육면체 모양의 부피는 몇 cm³인가요?

（풀이）

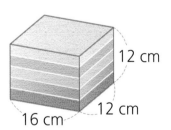

12 cm
12 cm
16 cm

답 _____

4 무게가 같은 공 6개가 들어 있는 상자의 무게가 $1\frac{1}{2}$ kg입니다. 빈 상자의 무게가 $\frac{9}{14}$ kg이라면 공 1개의 무게는 몇 kg인가요?

(풀이)

답 _____

5 오른쪽과 같이 밑면이 정칠각형인 각기둥이 있습니다. 이 각기둥의 모든 모서리의 길이의 합은 몇 cm인가요?

(풀이)

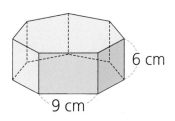

6 cm
9 cm

답 _____

6 어느 옷 가게에서 작년에는 양말 6켤레를 12000원에 판매했고, 올해는 양말 4켤레를 9600원에 판매하고 있습니다. 올해 양말 한 켤레의 가격은 작년에 비해 몇 % 올랐는지 구해 보세요.

(풀이)

답 _____

7 영화관 방문객 2000명을 대상으로 좋아하는 영화 장르를 조사하여 나타낸 원그래프입니다. 액션 영화를 좋아하는 방문객은 몇 명인가요?

좋아하는 영화 장르별 방문객 수

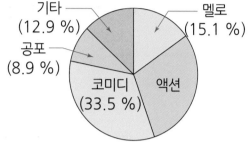

기타 (12.9 %), 멜로 (15.1 %), 공포 (8.9 %), 코미디 (33.5 %), 액션

풀이

답 _____

8 승용차는 3시간 동안 247.8 km를 가는 빠르기로 달리고, 트럭은 2시간 동안 130.8 km를 가는 빠르기로 달립니다. 승용차와 트럭이 같은 곳에서 반대 방향으로 동시에 출발했다면 4시간 후 승용차와 트럭 사이의 거리는 몇 km인가요?

풀이

답 _____

9 직육면체 모양의 창고 안쪽은 가로가 2 m, 세로가 2 m, 높이가 1.8 m입니다. 이 창고 안에 가로가 40 cm, 세로가 20 cm, 높이가 12 cm인 직육면체 모양의 상자를 빈틈없이 넣는다면 상자는 모두 몇 개 넣을 수 있나요?

풀이

답 _____

10 다미가 ㉮ 은행에 55000원을 예금했더니 1년 후에 56650원이 되었고, 서준이가 ㉯ 은행에 74000원을 예금했더니 1년 후에 75480원이 되었습니다. 1년 동안의 이자율이 더 높은 은행은 어느 은행인가요?

풀이

답 _____

1 요리부 선생님이 밀가루 28.8 kg을 6모둠에 똑같이 나누어 주었습니다.
태욱이네 모둠 4명이 밀가루를 똑같이 나누어 사용한다면 태욱이가 사용할 수 있는
밀가루는 몇 kg인가요?

(풀이)

답 _____

2 직육면체 모양의 통 안쪽은 가로가 10 cm, 세로가 20 cm, 높이가 16 cm입니다.
이 통 안에 한 모서리의 길이가 2 cm인 정육면체 모양의 치즈를 빈틈없이 넣는다면
치즈는 모두 몇 개 넣을 수 있나요?

(풀이)

답 _____

3 넓이가 같은 마름모와 직사각형이 있습니다. 마름모의 두 대각선의 길이가
각각 10.4 cm, 6 cm이고, 직사각형의 가로가 8 cm라면 직사각형의 세로는
몇 cm인가요?

(풀이)

답 _____

4 수 카드 9 , 4 , 5 를 한 번씩 모두 사용하여 (진분수) ÷ (자연수)를 만들려고
합니다. 몫이 가장 클 때의 값을 구해 보세요.

(풀이)

답

5 어느 지역의 초등학교별 학생 수를 조사하여 나타낸 그림그래프입니다.
네 초등학교의 학생 수의 합이 1530명일 때 구름 초등학교의 학생 수는
몇 명인가요?

초등학교별 학생 수

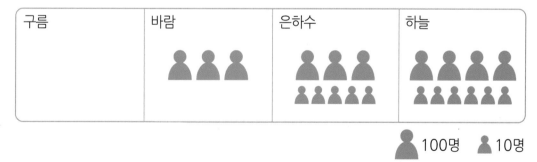

(풀이)

답

6 소희네 학교 학생 200명 중 $\dfrac{3}{5}$이 반려동물을 기르고 있습니다. 그중에서 55 %가 개를 기르고 있을 때 소희네 학교 학생 중 반려동물로 개를 기르는 학생은 몇 명인가요?

풀이

답 _____

7 정육면체 ㉮의 겉넓이는 직육면체 ㉯의 겉넓이와 같습니다. 정육면체 ㉮의 한 모서리의 길이는 몇 cm인가요?

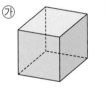
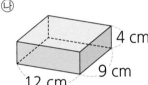

㉮ ㉯ 4 cm 9 cm 12 cm

풀이

답 _____

8 오른쪽과 같이 밑면이 직사각형인 각기둥이 있습니다. 이 각기둥의 모든 모서리의 길이의 합은 몇 cm인가요?

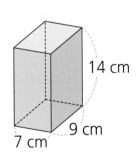

14 cm 9 cm 7 cm

풀이

답 _____

9 소유와 친구들의 대화를 보고 색칠한 부분의 넓이가 가장 넓은 사람부터 차례대로 이름을 써 보세요.

> 소유: 난 넓이가 610 cm²인 종이를 4등분하여 그중 한 부분에 색칠했어.
> 주혁: 난 넓이가 850 cm²인 종이를 6등분해서 그중 한 부분에 색칠했지.
> 다빈: 나는 넓이가 520 cm²인 종이를 3등분하여 그중 한 부분에 색칠했어.

(풀이)

(답) _____

10 규호네 학교 학생을 대상으로 아침 식사에 대한 설문 조사 결과를 나타낸 그래프입니다. 조사에 참여한 학생이 600명일 때 아침 식사로 밥을 먹는 학생은 몇 명인가요?

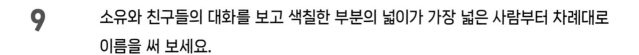

아침 식사 여부

먹지 않는다 (20 %)

먹는다 (80 %)

아침 식사 메뉴별 학생 수

밥 (30 %)	빵 (25 %)	과일 (15 %)	시리얼 (20 %)	

기타 (10 %)

(풀이)

(답) _____

memo

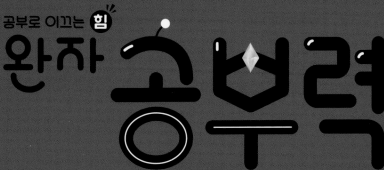

공부로 이끄는 힘
완자 공부력

6A
6학년
발전

정답과 해설

교과서 문해력
수학 문장제

정답과 해설
QR코드

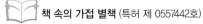

visang

완자 공부력

교과서 문해력 | 수학 문장제 발전 6A

정답과 해설

1. 분수의 나눗셈

❶ 계산 결과를 기약분수나 대분수로 나타내지 않아도 정답으로 인정합니다.

정답과 해설 2쪽

10쪽 ~ 11쪽 | **문장제 준비하기**

함께 풀어 보요!
보석을 찾으며 빈칸에 알맞은 수나 기호를 써 보세요.

물 2 L를 물통 3개에 똑같이
나누어 담으면 물통 한 개에
$2 \div 3 = \dfrac{2}{3}$ (L)씩 담을 수 있어.

상자에 복숭아 2 kg과
오렌지 $3\dfrac{1}{3}$ kg이 들어 있어.
상자에 들어 있는 오렌지의 무게는
복숭아의 무게의
$3\dfrac{1}{3} \div 2 = 1\dfrac{2}{3}$ (배)야.

얼룩말이 일정한 빠르기로 8분 동안
$7\dfrac{1}{5}$ km를 달렸다면 1분 동안
$7\dfrac{1}{5} \div 8 = \dfrac{9}{10}$ (km) 달린 거야.

12쪽 ~ 13쪽 | **01일** | **문장제 연습하기** ✦전체 양을 구해 똑같이 나누기

✶공부한 날 ☐ 월 ☐ 일

1. 분수의 나눗셈
정답과 해설 2쪽

1 소하네 어머니는 $\dfrac{4}{5}$ L씩 담긴 참기름 3병을 /
친구 4명에게 똑같이 나누어 주려고 합니다. /
친구 한 명에게 나누어 줄 수 있는 참기름은 몇 L인가요?
└→ 구해야 할 것

 문제 돋보기

✓ 소하네 어머니가 가지고 있는 참기름은?
→ $\dfrac{4}{5}$ L씩 $\boxed{3}$ 병

✓ 나누어 주려고 하는 친구의 수는? → $\boxed{4}$ 명

◆ 구해야 할 것은?
→ 친구 한 명에게 나누어 줄 수 있는 참기름의 양

 풀이 과정

❶ 소하네 어머니가 가지고 있는 참기름의 양은?
$\dfrac{4}{5} \boxed{\times} 3 = \dfrac{12}{5} = 2\dfrac{2}{5}$ (L)
└→ +, −, ×, ÷ 중 알맞은 것 쓰기

❷ 친구 한 명에게 나누어 줄 수 있는 참기름의 양은?
$2\dfrac{2}{5} \div 4 = \dfrac{12 \div 4}{5} = \dfrac{3}{5}$ (L)
└→ 소하네 어머니가 가지고 있는 참기름의 양

답 $\dfrac{3}{5}$ L

왼쪽 ❶번과 같이 문제에 색칠하고 밑줄을 그어 가며 문제를 풀어 보세요.

1-1 진이네 반 선생님이 점토를 $3\dfrac{3}{4}$ kg씩 2덩이
사서 / 5모둠에 똑같이 나누어 주려고 합니다. /
한 모둠에 나누어 줄 수 있는 점토는 몇 kg인가요?

 문제 돋보기

✓ 진이네 반 선생님이 산 점토는?
→ $3\dfrac{3}{4}$ kg씩 $\boxed{2}$ 덩이

✓ 나누어 주려고 하는 모둠의 수는? → $\boxed{5}$ 모둠

◆ 구해야 할 것은?
→ ⑩ 한 모둠에 나누어 줄 수 있는 점토의 무게

 풀이 과정

❶ 진이네 반 선생님이 산 점토의 무게는?
$3\dfrac{3}{4} \boxed{\times} 2 = \dfrac{15}{4} \boxed{\times} 2 = \dfrac{15}{2} = 7\dfrac{1}{2}$ (kg)

❷ 한 모둠에 나누어 줄 수 있는 점토의 무게는?
$7\dfrac{1}{2} \div 5 = \dfrac{15 \div 5}{2} = \dfrac{3}{2} = 1\dfrac{1}{2}$ (kg)

답 $1\dfrac{1}{2}$ kg

문제가
어려웠나
☐ 어려
☐ 적당
☐ 쉬워

2

문장제 연습하기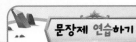

+ 한 개의 무게 구하기

2 무게가 같은 인형 2개가 들어 있는 /
상자의 무게가 $1\frac{9}{10}$ kg입니다. /
빈 상자의 무게가 $\frac{2}{5}$ kg이라면 /
인형 1개의 무게는 몇 kg인가요?
→ 구해야 할 것

문제 돋보기

✔ 상자에 들어 있는 인형의 수는? → ☐ 2 ☐ 개

✔ 인형이 들어 있는 상자의 무게는? → ☐ $1\frac{9}{10}$ ☐ kg

✔ 빈 상자의 무게는? → ☐ $\frac{2}{5}$ ☐ kg

◆ 구해야 할 것은?
→ ___인형 1개의 무게___

풀이 과정

❶ 인형 2개의 무게는?

$$1\frac{9}{10} - \frac{2}{5} = 1\frac{1}{2} \text{ (kg)}$$

인형 2개가 들어 있는 상자의 무게 · · · · 빈 상자의 무게

❷ 인형 1개의 무게는?

$$1\frac{1}{2} \div 2 = \frac{3}{2} \times \frac{1}{2} = \frac{3}{4} \text{ (kg)}$$

답 $\frac{3}{4}$ kg

왼쪽 ❷번과 같이 문제에 색칠하고 밑줄을 그어 가며 문제를 풀어 보세요.

2-1 무게가 같은 사과 6개가 담겨 있는 / 바구니의 무게가 $2\frac{1}{6}$ kg입니다. /
빈 바구니의 무게가 $\frac{5}{6}$ kg이라면 / 사과 1개의 무게는 몇 kg인가요?

문제 돋보기

✔ 바구니에 담겨 있는 사과의 수는? → ☐ 6 ☐ 개

✔ 사과가 담겨 있는 바구니의 무게는? → ☐ $2\frac{1}{6}$ ☐ kg

✔ 빈 바구니의 무게는? → ☐ $\frac{5}{6}$ ☐ kg

◆ 구해야 할 것은?
→ ___예 사과 1개의 무게___

풀이 과정

❶ 사과 6개의 무게는?

$$2\frac{1}{6} - \frac{5}{6} = 1\frac{1}{3} \text{ (kg)}$$

❷ 사과 1개의 무게는?

$$1\frac{1}{3} \div 6 = \frac{4}{3} \times \frac{1}{6} = \frac{2}{9} \text{ (kg)}$$

답 $\frac{2}{9}$ kg

문제가 어려웠니
○ 어려
○ 적당
○ 쉬워

문장제 실력 쌓기

+ 전체 양을 구해 똑같이 나누기
+ 한 개의 무게 구하기

문제를 읽고 '연습하기'에서 했던 것처럼 밑줄을 그어 가며 문제를 풀어 보세요.

1 담율이네 어머니는 마늘을 $1\frac{1}{2}$ kg씩 2봉지 사서 7통에 똑같이 나누어 담으려고 합니다.
한 통에 담아야 하는 마늘은 몇 kg인가요?

❶ 담율이네 어머니가 산 마늘의 무게는?
예 $1\frac{1}{2} \times 2 = \frac{3}{2} \times \overset{1}{\cancel{2}} = 3 \text{ (kg)}$

❷ 한 통에 담아야 하는 마늘의 무게는?
예 $3 \div 7 = \frac{3}{7} \text{ (kg)}$

답 $\frac{3}{7}$ kg

2 준호네 모둠 학생들은 이어달리기를 하여 $\frac{9}{20}$ km인 운동장을 4바퀴 달리려고 합니다.
달리는 구간이 겹치지 않도록 6명이 똑같은 거리를 달리려면 한 명이 달려야 하는 거리는
몇 km인가요?

❶ 준호네 모둠 학생들이 달려야 하는 거리는?
예 $\frac{9}{20} \times \overset{1}{\cancel{4}} = \frac{9}{5} = 1\frac{4}{5} \text{ (km)}$

❷ 한 명이 달려야 하는 거리는?
예 $1\frac{4}{5} \div 6 = \frac{\overset{3}{\cancel{9}}}{5} \times \frac{1}{\cancel{6}} = \frac{3}{10} \text{ (km)}$

답 $\frac{3}{10}$ km

3 무게가 같은 책 4권이 들어 있는 가방의 무게가 $3\frac{5}{6}$ kg입니다. 빈 가방의 무게가
$1\frac{1}{3}$ kg이라면 책 1권의 무게는 몇 kg인가요?

❶ 책 4권의 무게는?
예 책 4권이 들어 있는 가방의 무게에서 빈 가방의 무게를 빼면 책 4권의
무게입니다. ⇨ $3\frac{5}{6} - 1\frac{1}{3} = 3\frac{5}{6} - 1\frac{2}{6} = 2\frac{3}{6} = 2\frac{1}{2} \text{ (kg)}$

❷ 책 1권의 무게는?
예 $2\frac{1}{2} \div 4 = \frac{5}{2} \times \frac{1}{4} = \frac{5}{8} \text{ (kg)}$

답 $\frac{5}{8}$ kg

4 무게가 같은 태블릿 12대가 들어 있는 상자의 무게가 20 kg입니다. 빈 상자의 무게가
$2\frac{2}{3}$ kg이라면 태블릿 1대의 무게는 몇 kg인가요?

❶ 태블릿 12대의 무게는?
예 태블릿 12대가 들어 있는 상자의 무게에서 빈 상자의 무게를 빼면
태블릿 12대의 무게입니다.
⇨ $20 - 2\frac{2}{3} = 19\frac{3}{3} - 2\frac{2}{3} = 17\frac{1}{3} \text{ (kg)}$

❷ 태블릿 1대의 무게는?
예 $17\frac{1}{3} \div 12 = \frac{\overset{13}{\cancel{52}}}{3} \times \frac{1}{\cancel{12}} = \frac{13}{9} = 1\frac{4}{9} \text{ (kg)}$

답 $1\frac{4}{9}$ kg

1

윤지는 넓이가 9 m²인 텃밭을 4등분하여 / 그중 한 부분에 상추를 심었고, /
현우는 넓이가 12 m²인 텃밭을 5등분하여 / 그중 한 부분에 상추를 심었습니다. /
상추를 심은 부분의 넓이가 더 넓은 사람은 누구인가요?
└─→ 구해야 할 것

문제
돋보기

✓ 윤지가 상추를 심은 부분은?
→ 9 m²인 텃밭을 4 등분한 것 중 한 부분

✓ 현우가 상추를 심은 부분은?
→ 12 m²인 텃밭을 5 등분한 것 중 한 부분

◆ 구해야 할 것은?
→ 　상추를 심은 부분의 넓이가 더 넓은 사람

풀이
과정

❶ 윤지와 현우가 상추를 심은 부분의 넓이는?

윤지: $9 \div 4 = \frac{9}{4} = 2\frac{1}{4}$ (m²)

현우: $12 \div 5 = \frac{12}{5} = 2\frac{2}{5}$ (m²)

❷ 상추를 심은 부분의 넓이가 더 넓은 사람은?
┌─→ >, < 중 알맞은 것 쓰기
$2\frac{1}{4} < 2\frac{2}{5}$ 이므로

상추를 심은 부분의 넓이가 더 넓은 사람은 현우 입니다.

답 　현우

왼쪽 ❶번과 같이 문제에 색칠하고 밑줄을 그어 가며 문제를 풀어 보세요.

1-1 혜선이는 넓이가 505 cm²인 고구마 피자를 6등분하였고, / 넓이가 729 cm²인
불고기 피자를 8등분하였습니다. / 한 조각의 넓이가 더 좁은 피자는 어느 피자인가요?

문제
돋보기

✓ 고구마 피자 한 조각은?
→ 505 cm²인 고구마 피자를 6 등분한 것 중 한 조각

✓ 불고기 피자 한 조각은?
→ 729 cm²인 불고기 피자를 8 등분한 것 중 한 조각

◆ 구해야 할 것은?
→ 　(예) 한 조각의 넓이가 더 좁은 피자

풀이
과정

❶ 고구마 피자와 불고기 피자의 한 조각의 넓이는?

고구마 피자: $505 \div 6 = \frac{505}{6} = 84\frac{1}{6}$ (cm²)

불고기 피자: $729 \div 8 = \frac{729}{8} = 91\frac{1}{8}$ (cm²)

❷ 한 조각의 넓이가 더 좁은 피자는?

$84\frac{1}{6} < 91\frac{1}{8}$ 이므로

한 조각의 넓이가 더 좁은 피자는 고구마 피자 입니다.

답 　고구마 피자

문제가
어려웠니?
○어려
○적당
○쉬워

2

수 카드 3 , 6 , 5 를 한 번씩 모두 사용하여 /
(진분수) ÷ (자연수)를 만들려고 합니다. /
몫이 가장 클 때의 값을 구해 보세요.
└─→ 구해야 할 것

문제
돋보기

✓ 수 카드를 사용하여 만들려는 식은?
→ (진분수) ÷ (자연수)

◆ 구해야 할 것은?
→ 　몫이 가장 클 때의 값

풀이
과정

❶ 몫이 가장 크도록 (진분수) ÷ (자연수)를 만들려면?
자연수에 가장 (큰 , 작은) 수를 놓고 나머지 두 수로 진분수를 만들어야 합니다.
└─→ 알맞은 말에 ○표 하기

❷ 몫이 가장 크도록 진분수와 자연수를 각각 구하면?
수 카드의 수의 크기를 비교하면 3 < 5 < 6 이므로

자연수는 3 이고, 나머지 두 수로 진분수를 만들면 $\frac{5}{6}$ 입니다.

❸ 몫이 가장 클 때의 값을 구하면?

$$\frac{5}{6} \div 3 = \frac{5}{6} \times \frac{1}{3} = \frac{5}{18}$$

답 　$\frac{5}{18}$

왼쪽 ❷번과 같이 문제에 색칠하고 밑줄을 그어 가며 문제를 풀어 보세요.

2-1 수 카드 7 , 4 , 9 를 한 번씩 모두 사용하여 / (진분수) ÷ (자연수)를 만들려고 합니다. /
몫이 가장 작을 때의 값을 구해 보세요.

문제
돋보기

✓ 수 카드를 사용하여 만들려는 식은?
→ (진분수) ÷ (자연수)

◆ 구해야 할 것은?
→ 　(예) 몫이 가장 작을 때의 값

풀이
과정

❶ 몫이 가장 작도록 (진분수) ÷ (자연수)를 만들려면?
자연수에 가장 (큰 , 작은) 수를 놓고 나머지 두 수로 진분수를 만들어야 합니다.

❷ 몫이 가장 작도록 진분수와 자연수를 각각 구하면?
수 카드의 수의 크기를 비교하면 9 > 7 > 4 이므로

자연수는 9 이고, 나머지 두 수로 진분수를 만들면 $\frac{4}{7}$ 입니다.

❸ 몫이 가장 작을 때의 값을 구하면?

$$\frac{4}{7} \div 9 = \frac{4}{7} \times \frac{1}{9} = \frac{4}{63}$$

답 　$\frac{4}{63}$

문제가
어려웠니?
○어려
○적당
○쉬워

문장제 실력 쌓기
+ 똑같이 나눈 양 비교하기
+ 몫이 가장 클(작을) 때의 값 구하기

문제를 읽고 '연습하기'에서 했던 것처럼 밑줄을 그어 가며 문제를 풀어 보세요.

1 소현이는 넓이가 500 cm²인 종이를 3등분하여 그중 한 부분을 빨간색 물감으로 칠했고, 형석이는 넓이가 800 cm²인 종이를 5등분하여 그중 한 부분을 빨간색 물감으로 칠했습니다. 빨간색 물감으로 칠한 부분의 넓이가 더 좁은 사람은 누구인가요?

❶ 소현이와 형석이가 빨간색 물감으로 칠한 부분의 넓이는?

예 소현: $500 \div 3 = \frac{500}{3} = 166\frac{2}{3}$(cm²)

형석: $800 \div 5 = 160$(cm²)

❷ 빨간색 물감으로 칠한 부분의 넓이가 더 좁은 사람은?

예 $166\frac{2}{3} > 160$이므로 빨간색 물감으로 칠한 부분의 넓이가 더 좁은 사람은 형석입니다.

답 **형석**

2 수 카드 8, 5, 2 를 한 번씩 모두 사용하여 (진분수)÷(자연수)를 만들려고 합니다. 몫이 가장 클 때의 값을 구해 보세요.

❶ 몫이 가장 크도록 (진분수)÷(자연수)를 만들려면?

예 자연수에 가장 작은 수를 놓고 나머지 두 수로 진분수를 만들어야 합니다.

❷ 몫이 가장 크도록 진분수와 자연수를 각각 구하면?

예 수 카드의 수의 크기를 비교하면 $2 < 5 < 8$이므로 자연수는 2이고, 나머지 두 수로 진분수를 만들면 $\frac{5}{8}$입니다.

❸ 몫이 가장 클 때의 값을 구하면?

예 $\frac{5}{8} \div 2 = \frac{5}{8} \times \frac{1}{2} = \frac{5}{16}$

답 $\frac{5}{16}$

3 상자를 포장하는 데 길이가 8 m인 금색 리본을 7등분한 것 중 하나와 길이가 15 m인 은색 리본을 13등분한 것 중 하나를 사용하였습니다. 상자를 포장하는 데 더 많이 사용한 리본은 무슨 색 리본인가요?

❶ 상자를 포장하는 데 사용한 금색 리본과 은색 리본의 길이는?

예 금색 리본: $8 \div 7 = \frac{8}{7} = 1\frac{1}{7}$(m)

은색 리본: $15 \div 13 = \frac{15}{13} = 1\frac{2}{13}$(m)

❷ 상자를 포장하는 데 더 많이 사용한 리본은 무슨 색 리본인지 구하면?

예 $1\frac{1}{7} < 1\frac{2}{13}$이므로 상자를 포장하는 데 더 많이 사용한 리본은 은색 리본입니다.

답 **은색 리본**

4 수 카드 9, 1, 4, 6 을 한 번씩 모두 사용하여 (대분수)÷(자연수)를 만들려고 합니다. 몫이 가장 작을 때의 값을 구해 보세요.

❶ 몫이 가장 작도록 (대분수)÷(자연수)를 만들려면?

예 자연수에 가장 큰 수를 놓고 나머지 세 수로 가장 작은 대분수를 만들어야 합니다.

❷ 몫이 가장 작도록 대분수와 자연수를 각각 구하면?

예 수 카드의 수의 크기를 비교하면 $9 > 6 > 4 > 1$이므로 자연수는 9이고, 나머지 세 수로 가장 작은 대분수를 만들면 $1\frac{4}{6}$입니다.

❸ 몫이 가장 작을 때의 값을 구하면?

예 $1\frac{4}{6} \div 9 = \frac{\overset{5}{\cancel{10}}}{\cancel{6}_{3}} \times \frac{1}{9} = \frac{5}{27}$

답 $\frac{5}{27}$

03일
문장제 연습하기
+ 일정한 간격으로 놓은 물건의 길이 구하기

1 똑같은 정사각형 모양의 사진 4장을 / $\frac{1}{6}$ m 간격으로 옆으로 나란히 붙였더니 / 전체 길이가 $1\frac{5}{6}$ m가 되었습니다. / 사진의 한 변의 길이는 몇 m인가요?
→ 구해야 할 것

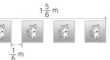
$1\frac{5}{6}$ m
$\frac{1}{6}$ m

문제 돋보기
✓ 사진을 붙인 방법은? → 4 장을 $\frac{1}{6}$ m 간격으로 붙였습니다.

✓ 사진을 붙인 전체 길이는? → $1\frac{5}{6}$ m

◆ 구해야 할 것은?
→ **사진의 한 변의 길이**

풀이 과정
❶ 사진 사이의 간격의 합은?

$\frac{1}{6} \times 3 = \frac{1}{2}$ (m)
└ 사진 사이의 간격의 수

❷ 사진 4장의 한 변의 길이의 합은?

$1\frac{5}{6} - \frac{1}{2} = 1\frac{1}{3}$ (m)
└ 사진을 붙인 전체 길이 └ 사진 사이의 간격의 합

❸ 사진의 한 변의 길이는?

$1\frac{1}{3} \div 4 = \frac{4 \div 4}{3} = \frac{1}{3}$ (m)
└ 사진의 수

답 $\frac{1}{3}$ m

왼쪽 ❶번과 같이 문제에 색칠하고 밑줄을 그어 가며 문제를 풀어 보세요.

1-1 같은 크기의 블록 8개를 / $\frac{1}{14}$ m 간격으로 나란히 세웠더니 / 전체 길이가 $\frac{7}{10}$ m가 되었습니다. / 블록의 두께는 몇 m인가요?

$\frac{7}{10}$ m

$\frac{1}{14}$ m   m

문제 돋보기
✓ 블록을 세운 방법은? → 8 개를 $\frac{1}{14}$ m 간격으로 세웠습니다.

✓ 블록을 세운 전체 길이는? → $\frac{7}{10}$ m

◆ 구해야 할 것은?
→ 예 **블록의 두께**

풀이 과정
❶ 블록 사이의 간격의 합은?

$\frac{1}{14} \times 7 = \frac{1}{2}$ (m)
└ 블록 사이의 간격의 수

❷ 블록 8개의 두께의 합은?

$\frac{7}{10} - \frac{1}{2} = \frac{1}{5}$ (m)

❸ 블록의 두께는?

$\frac{1}{5} \div 8 = \frac{1}{5} \times \frac{1}{8} = \frac{1}{40}$ (m)

답 $\frac{1}{40}$ m

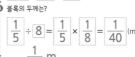
문제가 어려웠
○ 어려
○ 적당
○ 쉬워

2 어떤 일을 아버지가 혼자 하면 5일이 걸리고, / 희재가 혼자 하면 20일이 걸립니다. / 한 사람이 하루 동안 하는 일의 양은 / 각각 일정하다고 할 때, / 아버지와 희재가 함께 한다면 / 이 일을 모두 마치는 데 며칠이 걸리나요?
└→ 구해야 할 것

문제 돌보기

✓ 아버지가 혼자 하면 일을 모두 마치는 데 걸리는 날수는? → 5 일

✓ 희재가 혼자 하면 일을 모두 마치는 데 걸리는 날수는? → 20 일

◆ 구해야 할 것은?
→ 아버지와 희재가 함께 일을 모두 마치는 데 걸리는 날수

풀이 과정

❶ 전체 일의 양을 1이라고 할 때 아버지와 희재가 각각 하루 동안 하는 일의 양은?

아버지: $1 \div 5 = \dfrac{1}{5}$, 희재: $1 \div 20 = \dfrac{1}{20}$

❷ 아버지와 희재가 함께 하루 동안 하는 일의 양을 기약분수로 나타내면?

$$\dfrac{1}{5} + \dfrac{1}{20} = \dfrac{1}{4}$$

└ 아버지가 하루 동안 하는 일의 양 ┘   └ 희재가 하루 동안 하는 일의 양 ┘

❸ 아버지와 희재가 함께 일을 모두 마치는 데 걸리는 날수는?

아버지와 희재가 함께 한다면 하루 동안 전체 일의 $\dfrac{1}{4}$ 을 할 수 있으므로

일을 모두 마치는 데 4 일이 걸립니다.

답   4일

왼쪽 ❷번과 같이 문제에 색칠하고 밑줄을 그어 가며 문제를 풀어 보세요.

2-1 비닐하우스에 있는 딸기를 모두 수확하는 데 / 정우가 혼자 하면 10시간이 걸리고, / 혜리가 혼자 하면 15시간이 걸립니다. / 정우와 혜리가 함께 한다면 / 딸기를 모두 수확하는 데 몇 시간이 걸리나요? (단, 한 사람이 한 시간 동안 수확하는 딸기의 양은 각각 일정합니다.)

문제 돌보기

✓ 정우가 혼자 딸기를 모두 수확하는 데 걸리는 시간은? → 10 시간

✓ 혜리가 혼자 딸기를 모두 수확하는 데 걸리는 시간은? → 15 시간

◆ 구해야 할 것은?
→ 예 정우와 혜리가 함께 딸기를 모두 수확하는 데 걸리는 시간

풀이 과정

❶ 전체 딸기의 양을 1이라고 할 때 정우와 혜리가 각각 한 시간 동안 수확하는 딸기의 양은?

정우: $1 \div 10 = \dfrac{1}{10}$, 혜리: $1 \div 15 = \dfrac{1}{15}$

❷ 정우와 혜리가 함께 한 시간 동안 수확하는 딸기의 양을 기약분수로 나타내면?

$$\dfrac{1}{10} + \dfrac{1}{15} = \dfrac{1}{6}$$

❸ 정우와 혜리가 함께 딸기를 모두 수확하는 데 걸리는 시간은?

정우와 혜리가 함께 한다면 한 시간 동안 전체 딸기의 $\dfrac{1}{6}$ 을 수확할 수

있으므로 딸기를 모두 수확하는 데 6 시간이 걸립니다.

답   6시간

문제가 어려웠니?
○ 어려
○ 적당
○ 쉬워

문제를 읽고 '연습하기'에서 했던 것처럼 밑줄을 그어 가며 문제를 풀어 보세요.

1 똑같은 직사각형 모양의 엽서 6장을 $\dfrac{1}{10}$ m 간격으로 옆으로 나란히 붙였더니 전체 길이가 $1\dfrac{2}{5}$ m가 되었습니다. 엽서의 가로는 몇 m인가요?

❶ 엽서 사이의 간격의 합은?
예 엽서를 6장 붙였으므로 엽서 사이의 간격은 6−1=5(군데)입니다.
(엽서 사이의 간격의 합)$= \dfrac{1}{10} \times \overset{1}{\cancel{5}} = \dfrac{1}{2}$(m)

❷ 엽서 6장의 가로의 합은?
예 (엽서 6장의 가로의 합)
$=$(엽서를 붙인 전체 길이)$-$(엽서 사이의 간격의 합)
$= 1\dfrac{2}{5} - \dfrac{1}{2} = 1\dfrac{4}{10} - \dfrac{5}{10} = \dfrac{14}{10} - \dfrac{5}{10} = \dfrac{9}{10}$(m)

❸ 엽서의 가로는?
예 $\dfrac{9}{10} \div 6 = \dfrac{\overset{3}{\cancel{9}}}{10} \times \dfrac{1}{\underset{2}{\cancel{6}}} = \dfrac{3}{20}$(m)

답 $\dfrac{3}{20}$ m

2 어떤 일을 어머니가 혼자 하면 3일이 걸리고, 선율이가 혼자 하면 6일이 걸립니다. 어머니와 선율이가 함께 한다면 이 일을 모두 마치는 데 며칠이 걸리나요?
(단, 한 사람이 하루 동안 하는 일의 양은 각각 일정합니다.)

❶ 전체 일의 양을 1이라고 할 때 어머니와 선율이가 각각 하루 동안 하는 일의 양은?
예 어머니: $1 \div 3 = \dfrac{1}{3}$, 선율: $1 \div 6 = \dfrac{1}{6}$

❷ 어머니와 선율이가 함께 하루 동안 하는 일의 양을 기약분수로 나타내면?
예 $\dfrac{1}{3} + \dfrac{1}{6} = \dfrac{2}{6} + \dfrac{1}{6} = \dfrac{3}{6} = \dfrac{1}{2}$

❸ 어머니와 선율이가 함께 일을 모두 마치는 데 걸리는 날수는?
예 어머니와 선율이가 함께 한다면 하루 동안 전체 일의 $\dfrac{1}{2}$을 할 수 있으므로 일을 모두 마치는 데 2일이 걸립니다.

답   2일

3 공장의 창고에 있는 휴대전화를 모두 포장하는 데 ㉮ 기계는 28시간이 걸리고, ㉯ 기계는 21시간이 걸립니다. 기계 한 대가 한 시간 동안 하는 일의 양은 각각 일정하다고 할 때, ㉮ 기계와 ㉯ 기계를 함께 작동한다면 휴대전화를 모두 포장하는 데 몇 시간이 걸리나요?

❶ 전체 일의 양을 1이라고 할 때 ㉮ 기계와 ㉯ 기계가 각각 한 시간 동안 하는 일의 양은?
예 ㉮ 기계: $1 \div 28 = \dfrac{1}{28}$, ㉯ 기계: $1 \div 21 = \dfrac{1}{21}$

❷ ㉮ 기계와 ㉯ 기계가 함께 한 시간 동안 하는 일의 양을 기약분수로 나타내면?
예 $\dfrac{1}{28} + \dfrac{1}{21} = \dfrac{3}{84} + \dfrac{4}{84} = \dfrac{7}{84} = \dfrac{1}{12}$

❸ ㉮ 기계와 ㉯ 기계를 함께 작동한다면 휴대전화를 모두 포장하는 데 걸리는 시간은?
예 ㉮ 기계와 ㉯ 기계를 함께 작동한다면 한 시간 동안 전체 일의 $\dfrac{1}{12}$을 할 수 있으므로 휴대전화를 모두 포장하는 데 12시간이 걸립니다.

답   12시간

04일 단원 마무리

*공부한 날   월   일

18쪽 똑같이 나눈 양 비교하기

1 주아는 넓이가 6 m²인 화단을 5등분하여 그중 한 부분에 장미를 심었고, 현아는 넓이가 $1\frac{3}{10}$ m²인 화단 전체에 장미를 심었습니다.

장미를 심은 부분의 넓이가 더 넓은 사람은 누구인가요?

(풀이) 예) 주아가 장미를 심은 부분의 넓이는 $6 \div 5 = \frac{6}{5} = 1\frac{1}{5}$(m²)입니다.

$1\frac{1}{5} < 1\frac{3}{10}$이므로 장미를 심은 부분의 넓이가 더 넓은 사람은 현아입니다.

답 ___현아___

12쪽 전체 양을 구해 똑같이 나누기

2 어느 음식점에서 2 L씩 담긴 간장을 4병 사서 12일 동안 똑같이 나누어 사용하려고 합니다. 하루에 사용할 수 있는 간장은 몇 L인가요?

(풀이) 예) 음식점에서 산 간장은 2×4=8(L)입니다.

(하루에 사용할 수 있는 간장의 양)=$8 \div 12 = \frac{8}{12} = \frac{2}{3}$(L)

답 ___$\frac{2}{3}$ L___

14쪽 한 개의 무게 구하기

3 무게가 같은 음료수 5병이 들어 있는 장바구니의 무게가 $5\frac{1}{8}$ kg입니다. 빈 장바구니의 무게가 1 kg이라면 음료수 1병의 무게는 몇 kg인가요?

(풀이) 예) 음료수 5병이 들어 있는 장바구니의 무게에서 빈 장바구니의 무게를 빼면 음료수 5병의 무게입니다.

(음료수 5병의 무게)=$5\frac{1}{8} - 1 = 4\frac{1}{8}$(kg)

(음료수 1병의 무게)=$4\frac{1}{8} \div 5 = \frac{33}{8} \times \frac{1}{5} = \frac{33}{40}$(kg)

답 ___$\frac{33}{40}$ kg___

12쪽 전체 양을 구해 똑같이 나누기

4 상희는 한 포대에 $7\frac{7}{8}$ kg씩 들어 있는 흙 6포대를 화분 9개에 똑같이 나누어 담으려고 합니다. 화분 한 개에 담아야 하는 흙은 몇 kg인가요?

(풀이) 예) 상희가 가지고 있는 흙은 $7\frac{7}{8} \times 6 = \frac{63}{8} \times \overset{3}{\underset{4}{6}} = \frac{189}{4} = 47\frac{1}{4}$(kg)입니다.

(화분 한 개에 담아야 하는 흙의 무게)

=$47\frac{1}{4} \div 9 = \frac{189 \div 9}{4} = \frac{21}{4} = 5\frac{1}{4}$(kg)

답 ___$5\frac{1}{4}$ kg___

20쪽 몫이 가장 클(작을) 때의 값 구하기

5 수 카드 5 , 8 , 7 을 한 번씩 모두 사용하여 (진분수)÷(자연수)를 만들려고 합니다. 몫이 가장 작을 때의 값을 구해 보세요.

(풀이) 예) 자연수에 가장 큰 수를 놓고 나머지 두 수로 진분수를 만들어야 몫이 가장 작습니다.

수 카드의 수의 크기를 비교하면 8>7>5이므로 자연수는 8이고, 나머지 두 수로 진분수를 만들면 $\frac{5}{7}$입니다.

⇒ $\frac{5}{7} \div 8 = \frac{5}{7} \times \frac{1}{8} = \frac{5}{56}$

답 ___$\frac{5}{56}$___

26쪽 일을 마치는 데 걸리는 기간 구하기

6 어떤 일을 삼촌이 혼자 하면 4일이 걸리고, 소민이가 혼자 하면 12일이 걸립니다. 한 사람이 하루 동안 하는 일의 양은 각각 일정하다고 할 때, 삼촌과 소민이가 함께 한다면 이 일을 모두 마치는 데 며칠이 걸리나요?

(풀이) 예) 전체 일의 양을 1이라고 할 때 삼촌이 하루 동안 하는 일의 양은 $1 \div 4 = \frac{1}{4}$이고, 소민이가 하루 동안 하는 일의 양은 $1 \div 12 = \frac{1}{12}$입니다.

(두 사람이 함께 하루 동안 하는 일의 양)=$\frac{1}{4} + \frac{1}{12} = \frac{3}{12} + \frac{1}{12} = \frac{4}{12} = \frac{1}{3}$

삼촌과 소민이가 함께 한다면 하루 동안 전체 일의 $\frac{1}{3}$을 할 수 있으므로 일을 모두 마치는 데 3일이 걸립니다.

답 ___3일___

단원 마무리

*맞은 개수 [ ]/10개   *걸린 시간 [ ]/40분

24쪽 일정한 간격으로 놓은 물건의 길이 구하기

7 같은 크기의 도미노 10개를 $\frac{1}{12}$ m 간격으로 나란히 세웠더니 전체 길이가 $\frac{19}{20}$ m가 되었습니다. 도미노의 두께는 몇 m인가요?

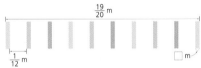

$\frac{19}{20}$ m

$\frac{1}{12}$ m   □ m

(풀이) 예) 도미노 10개를 세웠으므로 도미노 사이의 간격은 10-1=9(군데)입니다.

(도미노 사이의 간격의 합)=$\frac{1}{12} \times \overset{3}{\underset{4}{9}} = \frac{3}{4}$(m)

(도미노 10개의 두께의 합)=$\frac{19}{20} - \frac{3}{4} = \frac{19}{20} - \frac{15}{20} = \frac{4}{20} = \frac{1}{5}$(m)

(도미노의 두께)=$\frac{1}{5} \div 10 = \frac{1}{5} \times \frac{1}{10} = \frac{1}{50}$(m)

답 ___$\frac{1}{50}$ m___

20쪽 몫이 가장 클(작을) 때의 값 구하기

8 수 카드 3 , 8 , 6 , 2 를 한 번씩 모두 사용하여 (대분수)÷(자연수)를 만들려고 합니다. 몫이 가장 클 때의 값을 구해 보세요.

(풀이) 예) 자연수에 가장 작은 수를 놓고 나머지 세 수로 가장 큰 대분수를 만들어야 몫이 가장 큽니다.

수 카드의 수의 크기를 비교하면 2<3<6<8이므로 자연수는 2이고, 나머지 세 수로 가장 큰 대분수를 만들면 $8\frac{3}{6}$입니다.

⇒ $8\frac{3}{6} \div 2 = \overset{17}{\underset{2}{\frac{51}{6}}} \times \frac{1}{2} = \frac{17}{4} = 4\frac{1}{4}$

답 ___$4\frac{1}{4}$___

18쪽 똑같이 나눈 양 비교하기

9 다미와 친구들의 대화를 보고 먹은 치즈의 넓이가 가장 좁은 사람은 누구인지 구해 보세요.

> 다미: 나는 넓이가 100 cm²인 치즈를 8등분해서 그중 한 조각을 먹었어.
> 성호: 난 넓이가 144 cm²인 치즈를 10등분해서 그중 한 조각을 먹었지.
> 소하: 난 넓이가 121 cm²인 치즈를 9등분하여 그중 한 조각을 먹었어.

(풀이) 예) (다미가 먹은 치즈의 넓이)=$100 \div 8 = \frac{100}{8} = \frac{25}{2} = 12\frac{1}{2}$(cm²)

(성호가 먹은 치즈의 넓이)=$144 \div 10 = \frac{144}{10} = \frac{72}{5} = 14\frac{2}{5}$(cm²)

(소하가 먹은 치즈의 넓이)=$121 \div 9 = \frac{121}{9} = 13\frac{4}{9}$(cm²)

$12\frac{1}{2} < 13\frac{4}{9} < 14\frac{2}{5}$이므로 먹은 치즈의 넓이가 가장 좁은 사람은 다미입니다.

답 ___다미___

14쪽 한 개의 무게 구하기

10 도전 문제 똑같은 물병 2개와 똑같은 물컵 6개가 들어 있는 상자의 무게가 $2\frac{12}{25}$ kg입니다.

물병 1개의 무게가 $\frac{2}{5}$ kg이고, 빈 상자의 무게가 $\frac{18}{25}$ kg이라면 물컵 1개의 무게는 몇 kg인가요?

❶ 물병 2개의 무게는?

예) $\frac{2}{5} \times 2 = \frac{4}{5}$(kg)

❷ 물컵 6개의 무게는?

예) $2\frac{12}{25} - \frac{4}{5} - \frac{18}{25} = \frac{62}{25} - \frac{20}{25} - \frac{18}{25} = \frac{24}{25}$(kg)

❸ 물컵 1개의 무게는?

예) $\frac{24}{25} \div 6 = \frac{24 \div 6}{25} = \frac{4}{25}$(kg)

답 ___$\frac{4}{25}$ kg___

2. 각기둥과 각뿔

문장제 준비하기

함께 풀어 봐요!

보석을 찾으며 빈칸에 알맞은 수나 기호를 써 보세요.

정답과 해설 8쪽

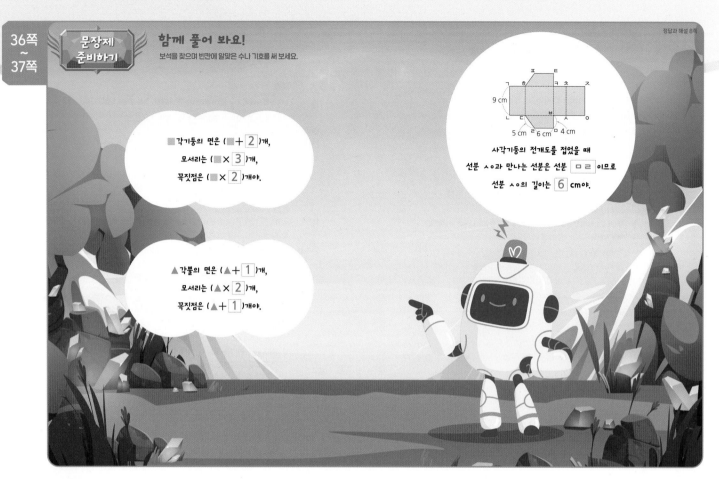

■각기둥의 면은 (■+ 2)개,
모서리는 (■× 3)개,
꼭짓점은 (■× 2)개야.

▲각뿔의 면은 (▲+ 1)개,
모서리는 (▲× 2)개,
꼭짓점은 (▲+ 1)개야.

사각기둥의 전개도를 접었을 때
선분 ㅅㅇ과 만나는 선분은 선분 ㅁㄹ 이므로
선분 ㅅㅇ의 길이는 6 cm야.

문장제 연습하기

+ 각기둥(각뿔)의 구성 요소의 수 구하기

★ 공부한 날 　 월 　 일

1 면이 7개인 각기둥이 있습니다. /
이 각기둥의 모서리의 수와 꼭짓점의 수의 합은 / 몇 개인가요?
└→ 구해야 할 것

문제 돋보기

✓ 각기둥의 면의 수는?
→ 7 개

◆ 구해야 할 것은?
→ 각기둥의 모서리의 수와 꼭짓점의 수의 합

풀이 과정

❶ 면이 7개인 각기둥의 한 밑면의 변의 수는?
(각기둥의 면의 수)=(한 밑면의 변의 수)+ 2 이므로
7=(한 밑면의 변의 수)+ 2 , (한 밑면의 변의 수)= 5 개입니다.

❷ 각기둥의 모서리의 수와 꼭짓점의 수는?
(각기둥의 모서리의 수)= 5 × 3 = 15 (개)
(각기둥의 꼭짓점의 수)= 5 × 2 = 10 (개)

❸ 각기둥의 모서리의 수와 꼭짓점의 수의 합은?
15 + 10 = 25 (개)
└각기둥의 모서리의 수 └→각기둥의 꼭짓점의 수

답 _____25개_____

왼쪽 ❶번과 같이 문제에 색칠하고 밑줄을 그어 가며 문제를 풀어 보세요.

1-1 꼭짓점이 9개인 각뿔이 있습니다. / 이 각뿔의 면의 수와 모서리의 수의 차는 / 몇 개인가요?

문제 돋보기

✓ 각뿔의 꼭짓점의 수는?
→ 9 개

◆ 구해야 할 것은?
→ 예 각뿔의 면의 수와 모서리의 수의 차

풀이 과정

❶ 꼭짓점이 9개인 각뿔의 밑면의 변의 수는?
(각뿔의 꼭짓점의 수)=(밑면의 변의 수)+ 1 이므로
9=(밑면의 변의 수)+ 1 , (밑면의 변의 수)= 8 개입니다.

❷ 각뿔의 면의 수와 모서리의 수는?
(각뿔의 면의 수)= 8 + 1 = 9 (개)
(각뿔의 모서리의 수)= 8 × 2 = 16 (개)

❸ 각뿔의 면의 수와 모서리의 수의 차는?
16 − 9 = 7 (개)

답 _____7개_____

문제가 어려웠나요?
○ 어려
○ 적당
○ 쉬워

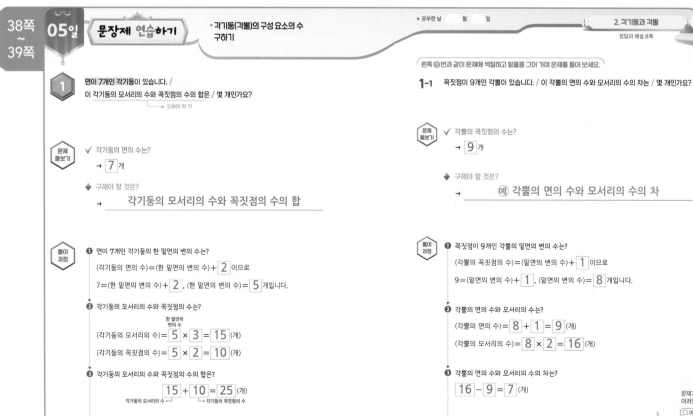

문장제 연습하기

◆ 각기둥과 각뿔의 구성 요소의 수
비교하기

2 밑면의 모양이 각각 오른쪽과 같은 /
각기둥과 각뿔이 있습니다. /
모서리가 더 많은 입체도형의 이름을 써 보세요.
└→ 구해야 할 것

각기둥	각뿔

문제 돋보기

✔ 각기둥과 각뿔의 밑면의 모양은?
→ 각기둥: 삼각형 , 각뿔: 사각형

◆ 구해야 할 것은?
→ 모서리가 더 많은 입체도형의 이름

풀이 과정

❶ 각기둥의 모서리의 수는?
각기둥은 밑면이 삼각형이므로 삼각기둥 이고,
한 밑면의 변의 수는 3 개입니다.
⇨ (각기둥의 모서리의 수)= 3 × 3 = 9 (개)

❷ 각뿔의 모서리의 수는?
각뿔은 밑면이 사각형이므로 사각뿔 이고, 밑면의 변의 수는 4 개입니다.
⇨ (각뿔의 모서리의 수)= 4 × 2 = 8 (개)

❸ 모서리가 더 많은 입체도형은?
각기둥과 각뿔의 모서리의 수를 비교하면 9 > 8 이므로
모서리가 더 많은 입체도형은 삼각기둥 입니다.

답 삼각기둥

왼쪽 ❷번과 같이 문제에 색칠하고 밑줄을 그어 가며 문제를 풀어 보세요.

2-1 밑면이 육각형인 각기둥과 구각형인 각뿔이 있습니다. / 꼭짓점이 더 적은 입체도형의 이름을 써 보세요.

문제 돋보기

✔ 각기둥과 각뿔의 밑면의 모양은?
→ 각기둥: 육각형 , 각뿔: 구각형

◆ 구해야 할 것은?
→ 예 꼭짓점이 더 적은 입체도형의 이름

풀이 과정

❶ 각기둥의 꼭짓점의 수는?
각기둥은 밑면이 육각형이므로 육각기둥 이고,
한 밑면의 변의 수는 6 개입니다.
⇨ (각기둥의 꼭짓점의 수)= 6 × 2 = 12 (개)

❷ 각뿔의 꼭짓점의 수는?
각뿔은 밑면이 구각형이므로 구각뿔 이고,
밑면의 변의 수는 9 개입니다.
⇨ (각뿔의 꼭짓점의 수)= 9 + 1 = 10 (개)

❸ 꼭짓점이 더 적은 입체도형은?
각기둥과 각뿔의 꼭짓점의 수를 비교하면 12 > 10 이므로
꼭짓점이 더 적은 입체도형은 구각뿔 입니다.

답 구각뿔

문제가
어려웠니?

문장제 실력 쌓기

◆ 각기둥(각뿔)의 구성 요소의 수 구하기
◆ 각기둥과 각뿔의 구성 요소의 수 비교하기

문제를 읽고 '연습하기'에서 했던 것처럼 밑줄을 그어 가며 문제를 풀어 보세요.

1 면이 8개인 각뿔이 있습니다. 이 각뿔의 모서리의 수와 꼭짓점의 수의 합은 몇 개인가요?

❶ 면이 8개인 각뿔의 밑면의 변의 수는?
예 (각뿔의 면의 수)=(밑면의 변의 수)+1이므로
8=(밑면의 변의 수)+1, (밑면의 변의 수)=7개입니다.

❷ 각뿔의 모서리의 수와 꼭짓점의 수는?
예 (각뿔의 모서리의 수)=7×2=14(개)
(각뿔의 꼭짓점의 수)=7+1=8(개)

❸ 각뿔의 모서리의 수와 꼭짓점의 수의 합은?
예 14+8=22(개)

답 22개

2 모서리가 24개인 각기둥이 있습니다. 이 각기둥의 면의 수와 꼭짓점의 수의 차는 몇 개인가요?

❶ 모서리가 24개인 각기둥의 한 밑면의 변의 수는?
예 (각기둥의 모서리의 수)=(한 밑면의 변의 수)×3이므로
24=(한 밑면의 변의 수)×3, (한 밑면의 변의 수)=8개입니다.

❷ 각기둥의 면의 수와 꼭짓점의 수는?
예 (각기둥의 면의 수)=8+2=10(개)
(각기둥의 꼭짓점의 수)=8×2=16(개)

❸ 각기둥의 면의 수와 꼭짓점의 수의 차는?
예 16-10=6(개)

답 6개

3 밑면이 사각형인 각기둥과 육각형인 각뿔이 있습니다. 면이 더 많은 입체도형의 이름을 써 보세요.

❶ 각기둥의 면의 수는?
예 각기둥은 밑면이 사각형이므로 사각기둥이고, 한 밑면의 변의 수는 4개입니다.
⇨ (각기둥의 면의 수)=4+2=6(개)

❷ 각뿔의 면의 수는?
예 각뿔은 밑면이 육각형이므로 육각뿔이고, 밑면의 변의 수는 6개입니다.
⇨ (각뿔의 면의 수)=6+1=7(개)

❸ 면이 더 많은 입체도형은?
예 각기둥과 각뿔의 면의 수를 비교하면 6<7이므로 면이 더 많은 입체도형은 육각뿔입니다.

답 육각뿔

4 밑면이 칠각형인 각기둥과 십이각형인 각뿔이 있습니다. 모서리가 더 적은 입체도형의 이름을 써 보세요.

❶ 각기둥의 모서리의 수는?
예 각기둥은 밑면이 칠각형이므로 칠각기둥이고, 한 밑면의 변의 수는 7개입니다.
⇨ (각기둥의 모서리의 수)=7×3=21(개)

❷ 각뿔의 모서리의 수는?
예 각뿔은 밑면이 십이각형이므로 십이각뿔이고, 밑면의 변의 수는 12개입니다. ⇨ (각뿔의 모서리의 수)=12×2=24(개)

❸ 모서리가 더 적은 입체도형은?
예 각기둥과 각뿔의 모서리의 수를 비교하면 21<24이므로 모서리가 더 적은 입체도형은 칠각기둥입니다.

답 칠각기둥

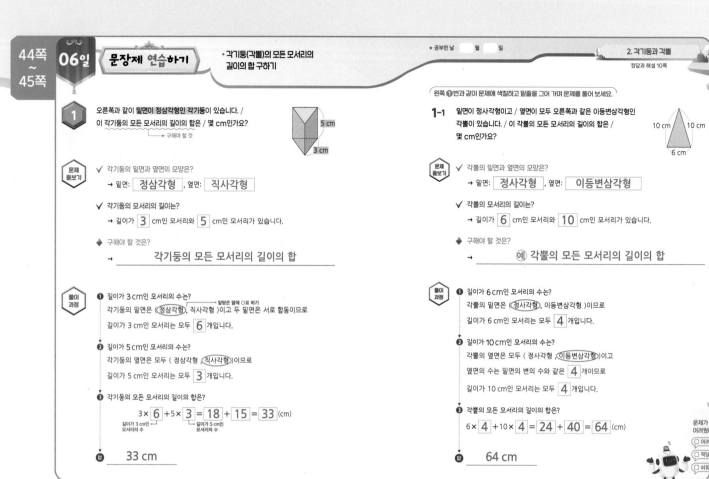

1 오른쪽과 같이 밑면이 정삼각형인 각기둥이 있습니다. / 이 각기둥의 모든 모서리의 길이의 합은 / 몇 cm인가요?
└→ 구해야 할 것

문제 돋보기

✓ 각기둥의 밑면과 옆면의 모양은?
→ 밑면: 정삼각형 , 옆면: 직사각형

✓ 각기둥의 모서리의 길이는?
→ 길이가 3 cm인 모서리와 5 cm인 모서리가 있습니다.

◆ 구해야 할 것은?
→ 각기둥의 모든 모서리의 길이의 합

풀이 과정

❶ 길이가 3 cm인 모서리의 수는? 알맞은 말에 ○표 하기
각기둥의 밑면은 (정삼각형), 직사각형)이고 두 밑면은 서로 합동이므로
길이가 3 cm인 모서리는 모두 6 개입니다.

❷ 길이가 5 cm인 모서리의 수는?
각기둥의 옆면은 모두 (정삼각형, 직사각형)이므로
길이가 5 cm인 모서리는 모두 3 개입니다.

❸ 각기둥의 모든 모서리의 길이의 합은?
$3×$ 6 $+5×$ 3 $=$ 18 $+$ 15 $=$ 33 (cm)
　길이가 3 cm인　　 길이가 5 cm인
　모서리의 수　　　 모서리의 수

답 33 cm

왼쪽 ❶번과 같이 문제에 색칠하고 밑줄을 그어 가며 문제를 풀어 보세요.

1-1 밑면이 정사각형이고 / 옆면이 모두 오른쪽과 같은 이등변삼각형인 각뿔이 있습니다. / 이 각뿔의 모든 모서리의 길이의 합은 / 몇 cm인가요?

문제 돋보기

✓ 각뿔의 밑면과 옆면의 모양은?
→ 밑면: 정사각형 , 옆면: 이등변삼각형

✓ 각뿔의 모서리의 길이는?
→ 길이가 6 cm인 모서리와 10 cm인 모서리가 있습니다.

◆ 구해야 할 것은?
→ 예 각뿔의 모든 모서리의 길이의 합

풀이 과정

❶ 길이가 6 cm인 모서리의 수는?
각뿔의 밑면은 (정사각형), 이등변삼각형)이므로
길이가 6 cm인 모서리는 모두 4 개입니다.

❷ 길이가 10 cm인 모서리의 수는?
각뿔의 옆면은 모두 (정사각형, 이등변삼각형)이고
옆면의 수는 밑면의 변의 수와 같은 4 개이므로
길이가 10 cm인 모서리는 모두 4 개입니다.

❸ 각뿔의 모든 모서리의 길이의 합은?
$6×$ 4 $+10×$ 4 $=$ 24 $+$ 40 $=$ 64 (cm)

답 64 cm

문제가 어려웠나요?
⬜ 어려
⬜ 적당
⬜ 쉬워

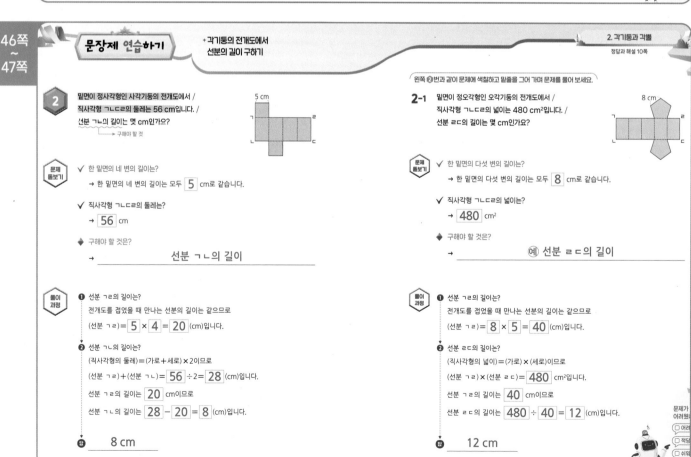

2 밑면이 정사각형인 사각기둥의 전개도에서 / 직사각형 ㄱㄴㄷㄹ의 둘레는 56 cm입니다. / 선분 ㄱㄴ의 길이는 몇 cm인가요?
└→ 구해야 할 것

문제 돋보기

✓ 한 밑면의 네 변의 길이는?
→ 한 밑면의 네 변의 길이는 모두 5 cm로 같습니다.

✓ 직사각형 ㄱㄴㄷㄹ의 둘레는?
→ 56 cm

◆ 구해야 할 것은?
→ 선분 ㄱㄴ의 길이

풀이 과정

❶ 선분 ㄱㄹ의 길이는?
전개도를 접었을 때 만나는 선분의 길이는 같으므로
(선분 ㄱㄹ)$=$ 5 $×$ 4 $=$ 20 (cm)입니다.

❷ 선분 ㄱㄴ의 길이는?
(직사각형의 둘레)$=$(가로$+$세로)$×$2이므로
(선분 ㄱㄹ)$+$(선분 ㄱㄴ)$=$ 56 $÷2=$ 28 (cm)입니다.
선분 ㄱㄹ의 길이는 20 cm이므로
선분 ㄱㄴ의 길이는 28 $-$ 20 $=$ 8 (cm)입니다.

답 8 cm

왼쪽 ❷번과 같이 문제에 색칠하고 밑줄을 그어 가며 문제를 풀어 보세요.

2-1 밑면이 정오각형인 오각기둥의 전개도에서 / 직사각형 ㄱㄴㄷㄹ의 넓이는 480 cm²입니다. / 선분 ㄹㄷ의 길이는 몇 cm인가요?

문제 돋보기

✓ 한 밑면의 다섯 변의 길이는?
→ 한 밑면의 다섯 변의 길이는 모두 8 cm로 같습니다.

✓ 직사각형 ㄱㄴㄷㄹ의 넓이는?
→ 480 cm²

◆ 구해야 할 것은?
→ 예 선분 ㄹㄷ의 길이

풀이 과정

❶ 선분 ㄱㄹ의 길이는?
전개도를 접었을 때 만나는 선분의 길이는 같으므로
(선분 ㄱㄹ)$=$ 8 $×$ 5 $=$ 40 (cm)입니다.

❷ 선분 ㄹㄷ의 길이는?
(직사각형의 넓이)$=$(가로)$×$(세로)이므로
(선분 ㄱㄹ)$×$(선분 ㄹㄷ)$=$ 480 cm²입니다.
선분 ㄱㄹ의 길이는 40 cm이므로
선분 ㄹㄷ의 길이는 480 $÷$ 40 $=$ 12 (cm)입니다.

답 12 cm

문제가 어려웠나요?
⬜ 어려
⬜ 적당
⬜ 쉬워

◆ 각기둥(각뿔)의 모든 모서리의 길이의 합 구하기
◆ 각기둥의 전개도에서 선분의 길이 구하기

문제를 읽고 '연습하기'에서 했던 것처럼 밑줄을 그어 가며 문제를 풀어 보세요.

1 오른쪽과 같이 밑면이 정육각형인 각기둥이 있습니다. 이 각기둥의 모든 모서리의 길이의 합은 몇 cm인가요?

❶ 길이가 7 cm인 모서리의 수는?
예 각기둥의 밑면은 정육각형이고 두 밑면은 서로 합동이므로 길이가 7 cm인 모서리는 모두 12개입니다.

❷ 길이가 8 cm인 모서리의 수는?
예 각기둥의 옆면은 직사각형이므로 길이가 8 cm인 모서리는 모두 6개입니다.

❸ 각기둥의 모든 모서리의 길이의 합은?
예 $7 \times 12 + 8 \times 6 = 84 + 48 = 132$(cm)

답 __132 cm__

2 밑면이 정오각형이고 옆면이 모두 오른쪽과 같은 이등변삼각형인 각뿔이 있습니다. 이 각뿔의 모든 모서리의 길이의 합은 몇 cm인가요?

❶ 길이가 8 cm인 모서리의 수는?
예 각뿔의 밑면은 정오각형이므로 길이가 8 cm인 모서리는 모두 5개입니다.

❷ 길이가 13 cm인 모서리의 수는?
예 각뿔의 옆면은 모두 이등변삼각형이고 옆면의 수는 밑면의 변의 수와 같은 5개이므로 길이가 13 cm인 모서리는 모두 5개입니다.

❸ 각뿔의 모든 모서리의 길이의 합은?
예 $8 \times 5 + 13 \times 5 = 40 + 65 = 105$(cm)

답 __105 cm__

3 밑면이 정삼각형인 삼각기둥의 전개도에서 직사각형 ㄱㄴㄷㄹ의 넓이는 60 cm²입니다. 선분 ㄱㄴ의 길이는 몇 cm인가요?

❶ 선분 ㄴㄷ의 길이는?
예 전개도를 접었을 때 만나는 선분의 길이는 같으므로 (선분 ㄴㄷ)=$4 \times 3 = 12$(cm)입니다.

❷ 선분 ㄱㄴ의 길이는?
예 (직사각형의 넓이)=(가로)×(세로)이므로 (선분 ㄴㄷ)×(선분 ㄱㄴ)=60 cm²입니다. 선분 ㄴㄷ의 길이는 12 cm이므로 선분 ㄱㄴ의 길이는 $60 \div 12 = 5$(cm)입니다.

답 __5 cm__

4 밑면이 직사각형인 사각기둥의 전개도에서 직사각형 ㄱㄴㄷㄹ의 둘레는 72 cm입니다. 선분 ㄹㄷ의 길이는 몇 cm인가요?

❶ 선분 ㄱㄹ의 길이는?
예 전개도를 접었을 때 만나는 선분의 길이는 같으므로 (선분 ㄱㄹ)=$9 + 5 + 9 + 5 = 28$(cm)입니다.

❷ 선분 ㄹㄷ의 길이는?
예 (직사각형의 둘레)=(가로+세로)×2이므로 (선분 ㄱㄹ)+(선분 ㄹㄷ)=$72 \div 2 = 36$(cm)입니다. 선분 ㄱㄹ의 길이는 28 cm이므로 선분 ㄹㄷ의 길이는 $36 - 28 = 8$(cm)입니다.

답 __8 cm__

07일 단원 마무리

★ 공부한 날   월   일

1 38쪽 각기둥(각뿔)의 구성 요소의 수 구하기

꼭짓점이 12개인 각기둥 모양의 선물 상자가 있습니다. 이 선물 상자의 모서리는 몇 개인가요?

풀이 예 (각기둥의 꼭짓점의 수)=(한 밑면의 변의 수)×2이므로 12=(한 밑면의 변의 수)×2, (한 밑면의 변의 수)=6개입니다. 따라서 선물 상자의 모서리는 $6 \times 3 = 18$(개)입니다.

답 __18개__

2 40쪽 각기둥과 각뿔의 구성 요소의 수 비교하기

팔각뿔과 오각기둥이 있습니다. 꼭짓점이 더 많은 입체도형의 이름을 써 보세요.

풀이 예 팔각뿔의 밑면의 변의 수는 8개, 오각기둥의 한 밑면의 변의 수는 5개입니다.
(팔각뿔의 꼭짓점의 수)=$8 + 1 = 9$(개)
(오각기둥의 꼭짓점의 수)=$5 \times 2 = 10$(개)
팔각뿔과 오각기둥의 꼭짓점의 수를 비교하면 $9 < 10$이므로 꼭짓점이 더 많은 입체도형은 오각기둥입니다.

답 __오각기둥__

3 38쪽 각기둥(각뿔)의 구성 요소의 수 구하기

모서리가 20개인 각뿔이 있습니다. 이 각뿔의 면의 수와 꼭짓점의 수의 합은 몇 개인가요?

풀이 예 (각뿔의 모서리의 수)=(밑면의 변의 수)×2이므로 20=(밑면의 변의 수)×2, (밑면의 변의 수)=10개입니다.
(각뿔의 면의 수)=$10 + 1 = 11$(개)
(각뿔의 꼭짓점의 수)=$10 + 1 = 11$(개)
따라서 각뿔의 면의 수와 꼭짓점의 수의 합은 $11 + 11 = 22$(개)입니다.

답 __22개__

4 44쪽 각기둥(각뿔)의 모든 모서리의 길이의 합 구하기

오른쪽과 같이 밑면이 정육각형이고 옆면이 모두 합동인 각뿔이 있습니다. 이 각뿔의 모든 모서리의 길이의 합은 몇 cm인가요?

풀이 예 각뿔의 밑면은 정육각형이므로 길이가 3 cm인 모서리는 모두 6개입니다.
각뿔의 옆면은 삼각형이고 모두 합동이므로 길이가 7 cm인 모서리는 모두 6개입니다.
⇨ (각뿔의 모든 모서리의 길이의 합)
=$3 \times 6 + 7 \times 6 = 18 + 42 = 60$(cm)

답 __60 cm__

5 40쪽 각기둥과 각뿔의 구성 요소의 수 비교하기

밑면의 모양이 각각 다음과 같은 각기둥과 각뿔이 있습니다. 면이 더 적은 입체도형의 이름을 써 보세요.

각기둥	각뿔
(팔각형)	(십각형)

풀이 예 각기둥은 밑면이 팔각형이므로 팔각기둥이고, 한 밑면의 변의 수는 8개입니다.
(각기둥의 면의 수)=$8 + 2 = 10$(개)
각뿔은 밑면이 십각형이므로 십각뿔이고, 밑면의 변의 수는 10개입니다.
(각뿔의 면의 수)=$10 + 1 = 11$(개)
각기둥과 각뿔의 면의 수를 비교하면 $10 < 11$이므로 면이 더 적은 입체도형은 팔각기둥입니다.

답 __팔각기둥__

6 (46쪽 각기둥의 전개도에서 선분의 길이 구하기)

밑면이 정삼각형인 삼각기둥의 전개도에서
직사각형 ㄱㄴㄷㄹ의 넓이는 189 cm²입니다.
선분 ㄴㄷ의 길이는 몇 cm인가요?

(풀이) (예) (선분 ㄹㄷ)=7×3=21(cm)
(직사각형의 넓이)=(가로)×(세로)이므로
(선분 ㄴㄷ)×(선분 ㄹㄷ)=189 cm²입니다.
선분 ㄹㄷ의 길이는 21 cm이므로
선분 ㄴㄷ의 길이는 189÷21=9(cm)입니다.

(답) ___9 cm___

7 (40쪽 각기둥과 각뿔의 구성 요소의 수 비교하기)

밑면이 오각형인 각기둥과 구각형인 각뿔이 있습니다. 모서리가 더 많은 입체도형의
이름을 쓰고, 모서리가 몇 개 더 많은지 구해 보세요.

(풀이) (예) 각기둥은 밑면이 오각형이므로 오각기둥이고, 한 밑면의 변의 수는 5개입니다.
(각기둥의 모서리의 수)=5×3=15(개)
각뿔은 밑면이 구각형이므로 구각뿔이고, 밑면의 변의 수는 9개입니다.
(각뿔의 모서리의 수)=9×2=18(개)
각기둥과 각뿔의 모서리의 수를 비교하면 15<18이므로
구각뿔이 오각기둥보다 모서리가 18-15=3(개) 더 많습니다.

(답) ___구각뿔___ , ___3개___

8 (44쪽 각기둥(각뿔)의 모든 모서리의 길이의 합 구하기)

오른쪽과 같이 밑면이 이등변삼각형인 각기둥이 있습니다.
이 각기둥의 모든 모서리의 길이의 합은 몇 cm인가요?

(풀이) (예) 각기둥의 밑면은 이등변삼각형이고 두 밑면은 서로
합동이므로 길이가 6 cm인 모서리는 모두 2개,
길이가 9 cm인 모서리는 모두 4개입니다.
각기둥의 옆면은 모두 직사각형이므로 길이가 15 cm인 모서리는 모두
3개입니다.
⇨ (각기둥의 모든 모서리의 길이의 합)   (답) ___93 cm___
   =6×2+9×4+15×3=12+36+45=93(cm)

9 (46쪽 각기둥의 전개도에서 선분의 길이 구하기)

밑면이 직사각형인 사각기둥의 전개도에서
직사각형 ㄱㄴㄷㄹ의 둘레는 60 cm입니다.
□ 안에 알맞은 수를 구해 보세요.

(풀이) (예) 직사각형 ㄱㄴㄷㄹ의 둘레가 60 cm이므로
(선분 ㄱㄹ)+(선분 ㄹㄷ)
=60÷2=30(cm)입니다.
선분 ㄹㄷ의 길이는 10 cm이므로
선분 ㄱㄹ의 길이는 30-10=20(cm)입니다.
전개도를 접었을 때 만나는 선분의 길이는 같고 밑면의 가로와 세로는
각각 6 cm, □cm이므로
6+□+6+□=20, □+□=20-6-6=8, □=4입니다.

(답) ___4___

10 (도전 문제) (38쪽 각기둥(각뿔)의 구성 요소의 수 구하기)

칠각기둥과 꼭짓점의 수가 같은 각뿔이 있습니다. 이 각뿔의 면의 수와
모서리의 수의 차는 몇 개인가요?

❶ 각뿔의 꼭짓점의 수는?
   (예) 각뿔의 꼭짓점의 수는 칠각기둥의 꼭짓점의 수와 같으므로
   7×2=14(개)입니다.

❷ 각뿔의 밑면의 변의 수는?
   (예) (각뿔의 꼭짓점의 수)=(밑면의 변의 수)+1이므로
   14=(밑면의 변의 수)+1, (밑면의 변의 수)=13개입니다.

❸ 각뿔의 면의 수와 모서리의 수의 차는?
   (예) (각뿔의 면의 수)=13+1=14(개)
   (각뿔의 모서리의 수)=13×2=26(개)
   따라서 각뿔의 면의 수와 모서리의 수의 차는
   26-14=12(개)입니다.

(답) ___12개___

3. 소수의 나눗셈

문장제 준비하기

함께 풀어 보요!
보석을 찾으며 빈칸에 알맞은 수나 기호를 써 보세요.

주스 1.5 L를 5명이 똑같이 나누어 마시면 한 명이
$1.5 ÷ 5 = 0.3$ (L)씩 마실 수 있어.

철사 1.8 m를 겹치지 않게
모두 사용하여 정삼각형을 만들었어.
정삼각형은 세 변의 길이가 모두
같으므로 한 변의 길이는
$1.8 ÷ 3 = 0.6$ (m)야.

강아지의 무게는 10 kg이고,
고양이의 무게는 4 kg이야.
강아지 무게는 고양이 무게의
$10 ÷ 4 = 2.5$ (배)야.

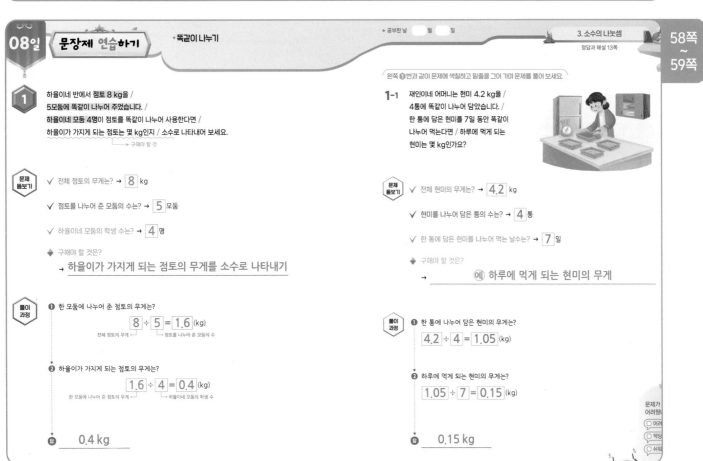

1 하율이네 반에서 점토 8 kg을 /
5모둠에 똑같이 나누어 주었습니다. /
하율이네 모둠 4명이 점토를 똑같이 나누어 사용한다면 /
하율이가 가지게 되는 점토는 몇 kg인지 / 소수로 나타내어 보세요.
└→ 구해야 할 것

문제 돌보기

✓ 전체 점토의 무게는? → 8 kg

✓ 점토를 나누어 준 모둠의 수는? → 5 모둠

✓ 하율이네 모둠의 학생 수는? → 4 명

◆ 구해야 할 것은?
→ 하율이가 가지게 되는 점토의 무게를 소수로 나타내기

풀이 과정

❶ 한 모둠에 나누어 준 점토의 무게는?
$8 ÷ 5 = 1.6$ (kg)
전체 점토의 무게 └─ 점토를 나누어 준 모둠의 수

❷ 하율이가 가지게 되는 점토의 무게는?
$1.6 ÷ 4 = 0.4$ (kg)
한 모둠에 나누어 준 점토의 무게 └─ 하율이네 모둠의 학생 수

답 　0.4 kg

왼쪽 **1**번과 같이 문제에 색칠하고 밑줄을 그어 가며 문제를 풀어 보세요.

1-1 재인이네 어머니는 현미 4.2 kg을 /
4통에 똑같이 나누어 담았습니다. /
한 통에 담은 현미를 7일 동안 똑같이
나누어 먹는다면 / 하루에 먹게 되는
현미는 몇 kg인가요?

문제 돌보기

✓ 전체 현미의 무게는? → 4.2 kg

✓ 현미를 나누어 담은 통의 수는? → 4 통

✓ 한 통에 담은 현미를 나누어 먹는 날수는? → 7 일

◆ 구해야 할 것은?
→ (예) 하루에 먹게 되는 현미의 무게

풀이 과정

❶ 한 통에 나누어 담은 현미의 무게는?
$4.2 ÷ 4 = 1.05$ (kg)

❷ 하루에 먹게 되는 현미의 무게는?
$1.05 ÷ 7 = 0.15$ (kg)

답 　0.15 kg

문제가
어려웠나
○ 어려
○ 적당
○ 쉬워

문장제 연습하기

+ 넓이가 같은 도형의 선분의 길이 구하기

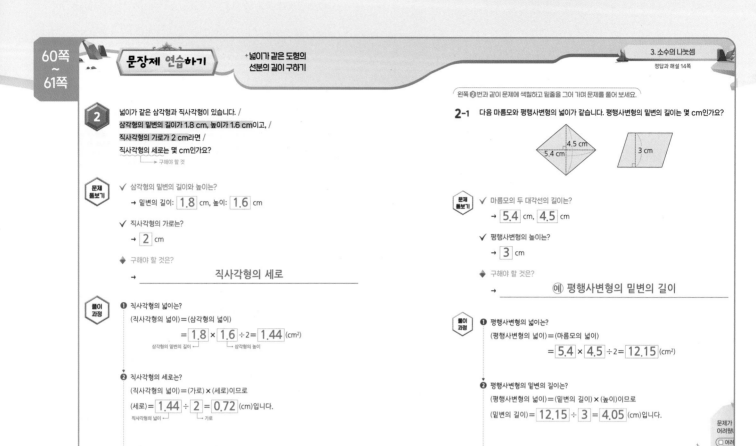

2 넓이가 같은 삼각형과 직사각형이 있습니다. /
삼각형의 밑변의 길이가 1.8 cm, 높이가 1.6 cm이고, /
직사각형의 가로가 2 cm라면 /
직사각형의 세로는 몇 cm인가요?
→ 구해야 할 것

문제 돌보기

✓ 삼각형의 밑변의 길이와 높이는?
→ 밑변의 길이: 1.8 cm, 높이: 1.6 cm

✓ 직사각형의 가로는?
→ 2 cm

◆ 구해야 할 것은?
→ 직사각형의 세로

풀이 과정

❶ 직사각형의 넓이는?
(직사각형의 넓이)=(삼각형의 넓이)
= 1.8 × 1.6 ÷2= 1.44 (cm²)
삼각형의 밑변의 길이 ↑ ↑ 삼각형의 높이

❷ 직사각형의 세로는?
(직사각형의 넓이)=(가로)×(세로)이므로
(세로)= 1.44 ÷ 2 = 0.72 (cm)입니다.
직사각형의 넓이 ↑ ↑ 가로

답 0.72 cm

왼쪽 ❷번과 같이 문제에 색칠하고 밑줄을 그어 가며 문제를 풀어 보세요.

2-1 다음 마름모와 평행사변형의 넓이가 같습니다. 평행사변형의 밑변의 길이는 몇 cm인가요?

문제 돌보기

✓ 마름모의 두 대각선의 길이는?
→ 5.4 cm, 4.5 cm

✓ 평행사변형의 높이는?
→ 3 cm

◆ 구해야 할 것은?
→ 예 평행사변형의 밑변의 길이

풀이 과정

❶ 평행사변형의 넓이는?
(평행사변형의 넓이)=(마름모의 넓이)
= 5.4 × 4.5 ÷2= 12.15 (cm²)

❷ 평행사변형의 밑변의 길이는?
(평행사변형의 넓이)=(밑변의 길이)×(높이)이므로
(밑변의 길이)= 12.15 ÷ 3 = 4.05 (cm)입니다.

답 4.05 cm

문장제 실력 쌓기

+ 똑같이 나누기
+ 넓이가 같은 도형의 선분의 길이 구하기

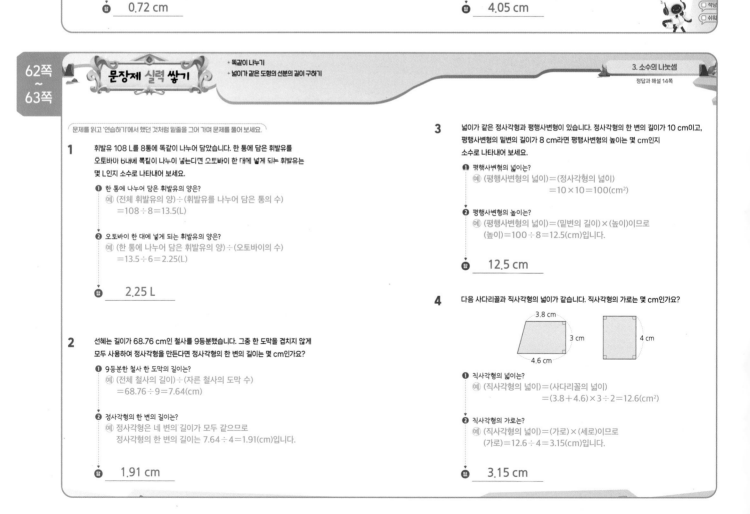

문제를 읽고 '연습하기'에서 했던 것처럼 밑줄을 그어 가며 문제를 풀어 보세요.

1 휘발유 108 L를 8통에 똑같이 나누어 담았습니다. 한 통에 담은 휘발유를
오토바이 6대에 똑같이 나누어 넣는다면 오토바이 한 대에 넣게 되는 휘발유는
몇 L인지 소수로 나타내어 보세요.

❶ 한 통에 나누어 담은 휘발유의 양은?
예 (전체 휘발유의 양)÷(휘발유를 나누어 담은 통의 수)
=108÷8=13.5(L)

❷ 오토바이 한 대에 넣게 되는 휘발유의 양은?
예 (한 통에 나누어 담은 휘발유의 양)÷(오토바이의 수)
=13.5÷6=2.25(L)

답 2.25 L

2 선혜는 길이가 68.76 cm인 철사를 9등분했습니다. 그중 한 도막을 겹치지 않게
모두 사용하여 정사각형을 만든다면 정사각형의 한 변의 길이는 몇 cm인가요?

❶ 9등분한 철사 한 도막의 길이는?
예 (전체 철사의 길이)÷(자른 철사의 도막 수)
=68.76÷9=7.64(cm)

❷ 정사각형의 한 변의 길이는?
예 정사각형은 네 변의 길이가 모두 같으므로
정사각형의 한 변의 길이는 7.64÷4=1.91(cm)입니다.

답 1.91 cm

3 넓이가 같은 정사각형과 평행사변형이 있습니다. 정사각형의 한 변의 길이가 10 cm이고,
평행사변형의 밑변의 길이가 8 cm라면 평행사변형의 높이는 몇 cm인지
소수로 나타내어 보세요.

❶ 평행사변형의 넓이는?
예 (평행사변형의 넓이)=(정사각형의 넓이)
=10×10=100(cm²)

❷ 평행사변형의 높이는?
예 (평행사변형의 넓이)=(밑변의 길이)×(높이)이므로
(높이)=100÷8=12.5(cm)입니다.

답 12.5 cm

4 다음 사다리꼴과 직사각형의 넓이가 같습니다. 직사각형의 가로는 몇 cm인가요?

❶ 직사각형의 넓이는?
예 (직사각형의 넓이)=(사다리꼴의 넓이)
=(3.8+4.6)×3÷2=12.6(cm²)

❷ 직사각형의 가로는?
예 (직사각형의 넓이)=(가로)×(세로)이므로
(가로)=12.6÷4=3.15(cm)입니다.

답 3.15 cm

09일 **문장제 연습하기** +일정하게 타는 양초의 길이 구하기   ★공부한날   월   일

1 5분 동안 1.4 cm씩 /
일정한 빠르기로 타는 양초가 있습니다. /
이 양초가 11분 동안 타는 길이는 몇 cm인가요?
└→ 구해야 할 것

문제 돋보기
✓ 양초가 5분 동안 타는 길이는?
→ 1.4 cm

◆ 구해야 할 것은?
→ 양초가 11분 동안 타는 길이

풀이 과정
❶ 양초가 1분 동안 타는 길이는?
(양초가 1분 동안 타는 길이)=(양초가 타는 길이)÷(타는 시간)
= 1.4 ÷ 5 = 0.28 (cm)

❷ 양초가 11분 동안 타는 길이는?
양초가 11분 동안 타는 길이는
양초가 1분 동안 타는 길이의 11 배입니다.
⇨ 0.28 × 11 = 3.08 (cm)
└→ 양초가 1분 동안 타는 길이

답 3.08 cm

왼쪽 ❶번과 같이 문제에 색칠하고 밑줄을 그어 가며 문제를 풀어 보세요.

1-1 7분 동안 9.31 cm씩 /
일정한 빠르기로 타는 향이 있습니다. /
이 향이 15분 동안 타는 길이는 몇 cm인가요?

문제 돋보기
✓ 향이 7분 동안 타는 길이는?
→ 9.31 cm

◆ 구해야 할 것은?
→ 예 향이 15분 동안 타는 길이

풀이 과정
❶ 향이 1분 동안 타는 길이는?
(향이 1분 동안 타는 길이)=(향이 타는 길이)÷(타는 시간)
= 9.31 ÷ 7 = 1.33 (cm)

❷ 향이 15분 동안 타는 길이는?
향이 15분 동안 타는 길이는
향이 1분 동안 타는 길이의 15 배입니다.
⇨ 1.33 × 15 = 19.95 (cm)

답 19.95 cm

문제가 어려웠니
☐ 어려
☐ 적당
☐ 쉬워

문장제 연습하기 +이동한 거리의 합(차) 구하기

2 자동차는 4분 동안 5 km를 가는 빠르기로 달리고, /
자전거는 9분 동안 5.4 km를 가는 빠르기로 달립니다. /
자동차와 자전거가 같은 곳에서 /
반대 방향으로 동시에 출발했다면 /
10분 후 자동차와 자전거 사이의 거리는 몇 km인가요?
└→ 구해야 할 것

문제 돋보기
✓ 자동차가 4분 동안 달리는 거리는? → 5 km
✓ 자전거가 9분 동안 달리는 거리는? → 5.4 km
✓ 자동차와 자전거가 출발한 방향은?
→ 같은 곳에서 (같은 방향 ,(반대 방향))으로 동시에 출발했습니다.
└→ 알맞은 말에 ○표 하기
◆ 구해야 할 것은?
→ 출발한 지 10분 후 자동차와 자전거 사이의 거리

풀이 과정
❶ 자동차와 자전거가 1분 동안 달리는 거리는?
자동차: 5 ÷ 4 = 1.25 (km), 자전거: 5.4 ÷ 9 = 0.6 (km)

❷ 출발한 지 1분 후 자동차와 자전거 사이의 거리는?
＋, －, ×, ÷ 중 알맞은 것 쓰기
1.25 ⊕ 0.6 = 1.85 (km)
자동차가 1분 동안   자전거가 1분 동안
달리는 거리   달리는 거리

❸ 출발한 지 10분 후 자동차와 자전거 사이의 거리는?
1.85 × 10 = 18.5 (km)

답 18.5 km

왼쪽 ❷번과 같이 문제에 색칠하고 밑줄을 그어 가며 문제를 풀어 보세요.

2-1 수아는 15분 동안 1.35 km를 가는 빠르기로 걷고, / 준석이는 30분 동안 2.1 km를 가는
빠르기로 걷습니다. / 두 사람이 같은 곳에서 / 같은 방향으로 동시에 출발했다면 /
8분 후 수아와 준석이 사이의 거리는 몇 km인가요?

문제 돋보기
✓ 수아가 15분 동안 걷는 거리는? → 1.35 km
✓ 준석이가 30분 동안 걷는 거리는? → 2.1 km
✓ 두 사람이 출발한 방향은?
→ 같은 곳에서 ((같은 방향), 반대 방향)으로 동시에 출발했습니다.
◆ 구해야 할 것은?
→ 예 출발한 지 8분 후 수아와 준석이 사이의 거리

풀이 과정
❶ 수아와 준석이가 1분 동안 걷는 거리는?
수아: 1.35 ÷ 15 = 0.09 (km)
준석: 2.1 ÷ 30 = 0.07 (km)

❷ 출발한 지 1분 후 수아와 준석이 사이의 거리는?
0.09 ⊖ 0.07 = 0.02 (km)

❸ 출발한 지 8분 후 수아와 준석이 사이의 거리는?
0.02 × 8 = 0.16 (km)

답 0.16 km

문제가 어려웠니
☐ 어려
☐ 적당
☐ 쉬워

 문장제 실력 쌓기

• 일정하게 타는 양초의 길이 구하기
• 이동한 거리의 합(차) 구하기

문제를 읽고 '연습하기'에서 했던 것처럼 밑줄을 그어 가며 문제를 풀어 보세요.

1 6분 동안 8.4 cm씩 일정한 빠르기로 타는 향이 있습니다.
이 향이 9분 동안 타는 길이는 몇 cm인가요?

❶ 향이 1분 동안 타는 길이는?
(예) 8.4÷6=1.4(cm)

❷ 향이 9분 동안 타는 길이는?
(예) 향이 9분 동안 타는 길이는 향이 1분 동안 타는 길이의 9배입니다.
⇨ 1.4×9=12.6(cm)

답 _____12.6 cm_____

2 12분 동안 6.36 cm씩 일정한 빠르기로 타는 양초가 있습니다.
이 양초가 7분 동안 타는 길이는 몇 cm인가요?

❶ 양초가 1분 동안 타는 길이는?
(예) 6.36÷12=0.53(cm)

❷ 양초가 7분 동안 타는 길이는?
(예) 양초가 7분 동안 타는 길이는 양초가 1분 동안 타는 길이의 7배입니다.
⇨ 0.53×7=3.71(cm)

답 _____3.71 cm_____

3 버스는 13분 동안 14.3 km를 가는 빠르기로 달리고, 트럭은 5분 동안 5.3 km를 가는
빠르기로 달립니다. 버스와 트럭이 같은 곳에서 같은 방향으로 동시에 출발했다면
18분 후 버스와 트럭 사이의 거리는 몇 km인가요?

❶ 버스와 트럭이 1분 동안 달리는 거리는?
(예) 버스: 14.3÷13=1.1(km)
트럭: 5.3÷5=1.06(km)

❷ 출발한 지 1분 후 버스와 트럭 사이의 거리는?
(예) 같은 방향으로 달리므로 1분 동안 버스와 트럭이 달린 거리의 차만큼
멀어집니다. ⇨ 1.1−1.06=0.04(km)

❸ 출발한 지 18분 후 버스와 트럭 사이의 거리는?
(예) 0.04×18=0.72(km)

답 _____0.72 km_____

4 아인이는 3분 동안 0.15 km를 가는 빠르기로 걷고, 해담이는 7분 동안 0.56 km를 가는
빠르기로 걷습니다. 두 사람이 같은 곳에서 반대 방향으로 동시에 출발했다면
25분 후 아인이와 해담이 사이의 거리는 몇 km인가요?

❶ 아인이와 해담이가 1분 동안 걷는 거리는?
(예) 아인: 0.15÷3=0.05(km)
해담: 0.56÷7=0.08(km)

❷ 출발한 지 1분 후 아인이와 해담이 사이의 거리는?
(예) 반대 방향으로 걸으므로 1분 동안 두 사람이 걸은 거리의 합만큼
멀어집니다. ⇨ 0.05+0.08=0.13(km)

❸ 출발한 지 25분 후 아인이와 해담이 사이의 거리는?
(예) 0.13×25=3.25(km)

답 _____3.25 km_____

 문장제 연습하기

+ 바르게 계산한 값 구하기

1 어떤 수를 4로 나누어야 할 것을 /
잘못하여 곱했더니 30.4가 되었습니다. /
바르게 계산한 값은 얼마인가요?
⌣⌣⌣⌣⌣ → 구해야 할 것

문제 돋보기

✓ 잘못 계산한 식은?
→ (곱셈식 , 나눗셈식)을 계산해야 하는데 잘못하여
(곱셈식 , 나눗셈식)을 계산했습니다.

✓ 바르게 계산하려면?
→ 어떤 수를 4 (으)로 나눕니다.

◆ 구해야 할 것은?
→ _____바르게 계산한 값_____

풀이 과정

❶ 어떤 수를 ■라 할 때, 잘못 계산한 식은?
■ × 4 = 30.4

❷ 어떤 수는?
30.4 ÷ 4 = ■, ■ = 7.6

❸ 바르게 계산한 값은?
7.6 ÷ 4 = 1.9
└→ 어떤 수

답 _____1.9_____

왼쪽 ❶번과 같이 문제에 색칠하고 밑줄을 그어 가며 문제를 풀어 보세요.

1-1 어떤 수를 6으로 나누어야 할 것을 / 잘못하여 뺐더니 3.12가 되었습니다. /
바르게 계산한 값은 얼마인가요?

문제 돋보기

✓ 잘못 계산한 식은?
→ (뺄셈식 , 나눗셈식)을 계산해야 하는데 잘못하여
(뺄셈식 , 나눗셈식)을 계산했습니다.

✓ 바르게 계산하려면?
→ 어떤 수를 6 (으)로 나눕니다.

◆ 구해야 할 것은?
→ (예) 바르게 계산한 값

풀이 과정

❶ 어떤 수를 ■라 할 때, 잘못 계산한 식은?
■ − 6 = 3.12

❷ 어떤 수는?
3.12 + 6 = ■, ■ = 9.12

❸ 바르게 계산한 값은?
9.12 ÷ 6 = 1.52

답 _____1.52_____

문제가
어려웠나...
○ 어려
○ 적당
○ 쉬워

문장제 연습하기

+ 터널을 통과하는 데 걸리는 시간 구하기

2 버스가 1분에 1500 m를 가는 빠르기로 / 터널을 통과하려고 합니다. / 터널의 길이는 650 m이고, 버스의 길이는 10 m입니다. / 버스가 터널을 완전히 통과하는 데 걸리는 시간은 / 몇 분인지 소수로 나타내어 보세요.
└→ 구해야 할 것

문제 돋보기

✓ 버스가 1분 동안 가는 거리는? → 1500 m

✓ 터널과 버스의 길이는? → 터널: 650 m, 버스: 10 m

◆ 구해야 할 것은? 버스가 터널을 완전히 통과하는 데
→ 걸리는 시간은 몇 분인지 소수로 나타내기

풀이 과정

❶ 버스가 터널을 완전히 통과할 때까지 이동하는 거리는?
버스의 앞부분이 터널에 진입할 때부터 버스의 끝부분이 터널을 완전히 빠져나올 때까지 버스가 이동하는 거리를 구해야 합니다.
(버스가 터널을 완전히 통과할 때까지 이동하는 거리)
=(터널의 길이)+(버스의 길이)
= 650 + 10 = 660 (m)

❷ 버스가 터널을 완전히 통과하는 데 걸리는 시간은?
660 ÷ 1500 = 0.44 (분)
└→버스가 터널을 완전히 통과할 └→버스가 1분 동안 가는 거리
때까지 이동하는 거리

답 ____0.44분____

왼쪽 **2**번과 같이 문제에 색칠하고 밑줄을 그어 가며 문제를 풀어 보세요.

2-1 기차가 1분에 3 km를 가는 빠르기로 / 터널을 통과하려고 합니다. / 터널의 길이는 7.24 km이고, 기차의 길이는 0.11 km입니다. / 기차가 터널을 완전히 통과하는 데 / 걸리는 시간은 몇 분인가요?

문제 돋보기

✓ 기차가 1분 동안 가는 거리는?
→ 3 km

✓ 터널과 기차의 길이는?
→ 터널: 7.24 km, 기차: 0.11 km

◆ 구해야 할 것은?
→ ___예 기차가 터널을 완전히 통과하는 데 걸리는 시간___

풀이 과정

❶ 기차가 터널을 완전히 통과할 때까지 이동하는 거리는?
기차의 앞부분이 터널에 진입할 때부터 기차의 끝부분이 터널을 완전히 빠져나올 때까지 기차가 이동하는 거리를 구해야 합니다.
(기차가 터널을 완전히 통과할 때까지 이동하는 거리)
=(터널의 길이)+(기차의 길이)
= 7.24 + 0.11 = 7.35 (km)

❷ 기차가 터널을 완전히 통과하는 데 걸리는 시간은?
7.35 ÷ 3 = 2.45 (분)

답 ____2.45분____

문제가 어려웠나요?
○ 어려워요
○ 적당해요
○ 쉬워요

문장제 실력 쌓기

+ 바르게 계산한 값 구하기
+ 터널을 통과하는 데 걸리는 시간 구하기

문제를 읽고 '연습하기'에서 했던 것처럼 밑줄을 그어 가며 문제를 풀어 보세요.

1 어떤 수를 5로 나누어야 할 것을 잘못하여 더했더니 13.6이 되었습니다. 바르게 계산한 값은 얼마인가요?

❶ 어떤 수를 ■라 할 때, 잘못 계산한 식은?
예 ■+5=13.6

❷ 어떤 수는?
예 13.6-5=■, ■=8.6

❸ 바르게 계산한 값은?
예 8.6÷5=1.72

답 ____1.72____

2 어떤 수를 14로 나누어야 할 것을 잘못하여 곱했더니 744.8이 되었습니다. 바르게 계산한 값은 얼마인가요?

❶ 어떤 수를 ■라 할 때, 잘못 계산한 식은?
예 ■×14=744.8

❷ 어떤 수는?
예 744.8÷14=■, ■=53.2

❸ 바르게 계산한 값은?
예 53.2÷14=3.8

답 ____3.8____

3 버스가 1분에 1200 m를 가는 빠르기로 터널을 통과하려고 합니다. 터널의 길이는 840 m이고, 버스의 길이는 12 m입니다. 버스가 터널을 완전히 통과하는 데 걸리는 시간은 몇 분인지 소수로 나타내어 보세요.

❶ 버스가 터널을 완전히 통과할 때까지 이동하는 거리는?
예 버스의 앞부분이 터널에 진입할 때부터 버스의 끝부분이 터널을 완전히 빠져나올 때까지 버스가 이동하는 거리를 구해야 합니다.
(버스가 터널을 완전히 통과할 때까지 이동하는 거리)
=(터널의 길이)+(버스의 길이)=840+12=852(m)

❷ 버스가 터널을 완전히 통과하는 데 걸리는 시간은?
예 852÷1200=0.71(분)

답 ____0.71분____

4 기차가 1분에 4 km를 가는 빠르기로 터널을 통과하려고 합니다. 터널의 길이는 3.6 km이고, 기차의 길이는 0.2 km입니다. 기차가 터널을 완전히 통과하는 데 걸리는 시간은 몇 분인가요?

❶ 기차가 터널을 완전히 통과할 때까지 이동하는 거리는?
예 기차의 앞부분이 터널에 진입할 때부터 기차의 끝부분이 터널을 완전히 빠져나올 때까지 기차가 이동하는 거리를 구해야 합니다.
(기차가 터널을 완전히 통과할 때까지 이동하는 거리)
=(터널의 길이)+(기차의 길이)=3.6+0.2=3.8(km)

❷ 기차가 터널을 완전히 통과하는 데 걸리는 시간은?
예 3.8÷4=0.95(분)

답 ____0.95분____

11일 단원 마무리

＊공부한 날　　월　　일

58쪽 똑같이 나누기

1 채담이네 반 선생님이 주스 7.5 L를 10모둠에 똑같이 나누어 주었습니다. 채담이네 모둠 3명이 주스를 똑같이 나누어 마신다면 채담이가 마실 수 있는 주스는 몇 L인가요?

풀이 예 (한 모둠에 나누어 준 주스의 양)=7.5÷10=0.75(L)
(채담이가 마실 수 있는 주스의 양)=0.75÷3=0.25(L)

답 **0.25 L**

64쪽 일정하게 타는 양초의 길이 구하기

2 8분 동안 6 cm씩 일정한 빠르기로 타는 양초가 있습니다. 이 양초가 10분 동안 타는 길이는 몇 cm인지 소수로 나타내어 보세요.

풀이 예 (양초가 1분 동안 타는 길이)=6÷8=0.75(cm)
양초가 10분 동안 타는 길이는 양초가 1분 동안 타는 길이의 10배입니다.
⇨ 0.75×10=7.5(cm)

답 **7.5 cm**

58쪽 똑같이 나누기

3 다희는 길이가 223.3 cm인 끈을 7등분했습니다. 그중 한 도막을 겹치지 않게 모두 사용하여 정오각형을 만든다면 정오각형의 한 변의 길이는 몇 cm인가요?

풀이 예 (끈 한 도막의 길이)=223.3÷7=31.9(cm)
정오각형은 다섯 변의 길이가 모두 같으므로
정오각형의 한 변의 길이는 31.9÷5=6.38(cm)입니다.

답 **6.38 cm**

60쪽 넓이가 같은 도형의 선분의 길이 구하기

4 넓이가 같은 마름모와 평행사변형이 있습니다. 마름모의 두 대각선의 길이가 각각 20 cm, 12.6 cm이고, 평행사변형의 높이가 15 cm라면 평행사변형의 밑변의 길이는 몇 cm인가요?

풀이 예 (평행사변형의 넓이)=(마름모의 넓이)
=20×12.6÷2=126(cm²)
(평행사변형의 넓이)=(밑변의 길이)×(높이)이므로
(밑변의 길이)=126÷15=8.4(cm)입니다.

답 **8.4 cm**

70쪽 바르게 계산한 값 구하기

5 어떤 수를 9로 나누어야 할 것을 잘못하여 곱했더니 254.34가 되었습니다. 바르게 계산한 값은 얼마인가요?

풀이 예 어떤 수를 ■라 하여 잘못 계산한 식을 쓰면
■×9=254.34입니다.
254.34÷9=28.26이므로 어떤 수는 28.26입니다.
따라서 바르게 계산한 값은 28.26÷9=3.14입니다.

답 **3.14**

66쪽 이동한 거리의 합(차) 구하기

6 ㉮ 자동차는 2시간 동안 153 km를 가는 빠르기로 달리고, ㉯ 자동차는 5시간 동안 404.5 km를 가는 빠르기로 달립니다. 두 자동차가 같은 곳에서 같은 방향으로 동시에 출발했다면 3시간 후 ㉮ 자동차와 ㉯ 자동차 사이의 거리는 몇 km인가요?

풀이 예 1시간 동안 ㉮ 자동차는 153÷2=76.5(km)를 달리고,
㉯ 자동차는 404.5÷5=80.9(km)를 달립니다.
출발한 지 1시간 후 ㉮ 자동차와 ㉯ 자동차 사이의 거리는
80.9−76.5=4.4(km)입니다.
따라서 출발한 지 3시간 후
㉮ 자동차와 ㉯ 자동차 사이의 거리는
4.4×3=13.2(km)입니다.

답 **13.2 km**

단원 마무리

＊맞은 개수　／10개　＊걸린 시간　／40분

60쪽 넓이가 같은 도형의 선분의 길이 구하기

7 다음 사다리꼴의 넓이는 삼각형의 넓이의 3배입니다. □ 안에 알맞은 수를 구해 보세요.

풀이 예 (사다리꼴의 넓이)=(삼각형의 넓이)×3
=3×2.4÷2×3=10.8(cm²)
(사다리꼴의 넓이)=(윗변＋아랫변)×(높이)÷2이므로
윗변과 아랫변의 길이의 합은 10.8÷3×2=7.2(cm)입니다.
따라서 3.2＋□=7.2이므로 □=7.2−3.2=4입니다.

답 **4**

66쪽 이동한 거리의 합(차) 구하기

8 지우는 35분 동안 2.1 km를 가는 빠르기로 걷고, 슬기는 22분 동안 1.98 km를 가는 빠르기로 걷습니다. 두 사람이 같은 곳에서 반대 방향으로 동시에 출발했다면 1시간 후 지우와 슬기 사이의 거리는 몇 km인가요?

풀이 예 1분 동안 지우는 2.1÷35=0.06(km)를 걷고,
슬기는 1.98÷22=0.09(km)를 걷습니다.
출발한 지 1분 후 지우와 슬기 사이의 거리는
0.06＋0.09=0.15(km)입니다.
1시간은 60분이므로 출발한 지 60분 후 지우와 슬기 사이의
거리는 0.15×60=9(km)입니다.

답 **9 km**

72쪽 터널을 통과하는 데 걸리는 시간 구하기

9 기차가 1분에 5 km를 가는 빠르기로 터널을 통과하려고 합니다. 터널의 길이는 50.3 km이고, 기차의 길이는 0.2 km입니다. 기차가 터널을 완전히 통과하는 데 걸리는 시간은 몇 분 몇 초인가요?

풀이 예 기차의 앞부분이 터널에 진입할 때부터 기차의 끝부분이 터널을 완전히 빠져나올 때까지 기차가 이동하는 거리를 구해야 합니다.
(기차가 터널을 완전히 통과할 때까지 이동하는 거리)
=(터널의 길이)＋(기차의 길이)=50.3＋0.2=50.5(km)
(기차가 터널을 완전히 통과하는 데 걸리는 시간)
=50.5÷5=10.1(분)
⇨ $10.1분=10\frac{1}{10}분=10\frac{6}{60}분=10분\ 6초$

답 **10분 6초**

64쪽 일정하게 타는 양초의 길이 구하기

10 도전문제 6분 동안 2.85 cm씩 일정한 빠르기로 타는 양초가 있습니다. 이 양초에 14분 동안 불을 붙여 놓았더니 타고 남은 양초의 길이가 13.85 cm가 되었습니다. 처음 양초의 길이는 몇 cm인가요?

❶ 양초가 1분 동안 타는 길이는?
예 2.85÷6=0.475(cm)

❷ 양초가 14분 동안 타는 길이는?
예 양초가 14분 동안 타는 길이는 양초가 1분 동안 타는 길이의 14배입니다. ⇨ 0.475×14=6.65(cm)

❸ 처음 양초의 길이는?
예 (처음 양초의 길이)
=(14분 동안 타고 남은 양초의 길이)＋(양초가 14분 동안 타는 길이)
=13.85＋6.65=20.5(cm)

답 **20.5 cm**

4. 비와 비율

문장제 준비하기

함께 풀어 보요!
보석을 찾으며 빈칸에 알맞은 수를 써 보세요.

하은이네 반 학생 26명 중 여학생은 15명이야.
전체 학생 수에 대한 여학생 수의 비율을
분수로 나타내면 $\dfrac{15}{26}$ (이)야.

지우개의 수에 대한 풀의 수를
비로 나타내면 3 : 5 (이)야.

어느 축구팀이 20경기에 출전하여
13경기를 이겼다면 이 축구팀의 승률은
$\dfrac{13}{20} \times 100 = 65$ 이므로 65 %야.

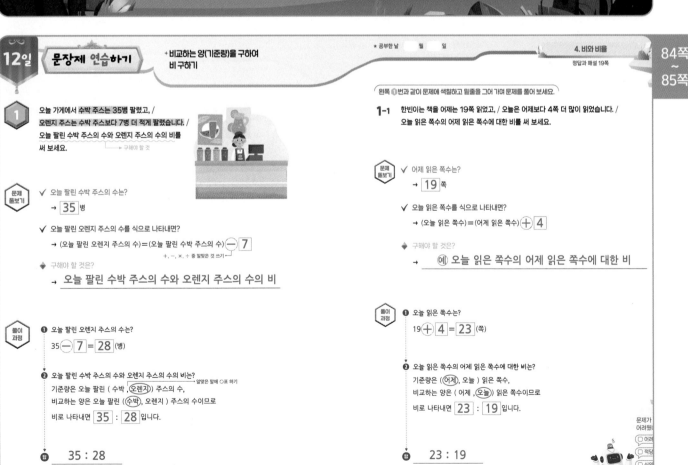

12일 문장제 연습하기

+ 비교하는 양(기준량)을 구하여 비 구하기

1 오늘 가게에서 수박 주스는 35병 팔렸고, /
오렌지 주스는 수박 주스보다 7병 더 적게 팔렸습니다. /
오늘 팔린 수박 주스의 수와 오렌지 주스의 수의 비를
써 보세요.
└─ 구해야 할 것

문제 돋보기

✓ 오늘 팔린 수박 주스의 수는?
→ 35 병

✓ 오늘 팔린 오렌지 주스의 수를 식으로 나타내면?
→ (오늘 팔린 오렌지 주스의 수) = (오늘 팔린 수박 주스의 수) ─ 7
└─ +, ─, ×, ÷ 중 알맞은 것 쓰기

◆ 구해야 할 것은?
→ 오늘 팔린 수박 주스의 수와 오렌지 주스의 수의 비

풀이 과정

❶ 오늘 팔린 오렌지 주스의 수는?
35 ─ 7 = 28 (병)

❷ 오늘 팔린 수박 주스의 수와 오렌지 주스의 수의 비는?
└─ 알맞은 말에 ○표 하기
기준량은 오늘 팔린 (수박 , (오렌지)) 주스의 수,
비교하는 양은 오늘 팔린 ((수박) , 오렌지) 주스의 수이므로
비로 나타내면 35 : 28 입니다.

답 35 : 28

왼쪽 ❶번과 같이 문제에 색칠하고 밑줄을 그어 가며 문제를 풀어 보세요.

1-1 한빈이는 책을 어제는 19쪽 읽었고, / 오늘은 어제보다 4쪽 더 많이 읽었습니다. /
오늘 읽은 쪽수의 어제 읽은 쪽수에 대한 비를 써 보세요.

문제 돋보기

✓ 어제 읽은 쪽수는?
→ 19 쪽

✓ 오늘 읽은 쪽수를 식으로 나타내면?
→ (오늘 읽은 쪽수) = (어제 읽은 쪽수) + 4

◆ 구해야 할 것은?
→ (예) 오늘 읽은 쪽수의 어제 읽은 쪽수에 대한 비

풀이 과정

❶ 오늘 읽은 쪽수는?
19 + 4 = 23 (쪽)

❷ 오늘 읽은 쪽수의 어제 읽은 쪽수에 대한 비는?
기준량은 ((어제) , 오늘) 읽은 쪽수,
비교하는 양은 (어제 , (오늘)) 읽은 쪽수이므로
비로 나타내면 23 : 19 입니다.

답 23 : 19

문제가
어려웠나요?
□ 어려워
□ 적당해
□ 쉬워

문장제 연습하기
+ 가격이 변한 비율 구하기

2 어느 가게에서 지난달에는 빵 5개를 4000원에 판매했고, /
이번 달에는 빵 6개를 6000원에 판매하고 있어요. /
이번 달 빵 한 개의 가격은 /
지난달에 비해 몇 % 올랐는지 구해 보세요.
└→ 구해야 할 것

문제 돋보기

✓ 지난달 빵의 가격은? → 5 개에 4000 원

✓ 이번 달 빵의 가격은? → 6 개에 6000 원

◆ 구해야 할 것은?
→ 이번 달 빵 한 개의 가격은 지난달에 비해 몇 % 올랐는지 구하기

풀이 과정

❶ 지난달과 이번 달의 빵 한 개의 가격은?

지난달: 4000 ÷ 5 = 800 (원)

이번 달: 6000 ÷ 6 = 1000 (원)

❷ 이번 달에 오른 빵 한 개의 가격은?

1000 − 800 = 200 (원)
└ 이번 달 빵 한 개의 가격 ┘ └ 지난달 빵 한 개의 가격 ┘

❸ 이번 달 빵 한 개의 가격은 지난달에 비해 몇 % 올랐는지 구하면?

$\frac{200}{800}$ × 100 = 25 이므로

이번 달 빵 한 개의 가격은 지난달에 비해 25 % 올랐습니다.

답 **25 %**

2-1 어느 마트에서 지난달에는 우유 3갑을
3000원에 판매했고, / 이번 달에는 우유
2갑을 1900원에 판매하고 있어요. /
이번 달 우유 한 갑의 가격은 / 지난달에 비해
몇 % 내렸는지 구해 보세요.

문제 돋보기

✓ 지난달 우유의 가격은?
→ 3 갑에 3000 원

✓ 이번 달 우유의 가격은?
→ 2 갑에 1900 원

◆ 구해야 할 것은?
→ (예) 이번 달 우유 한 갑의 가격은 지난달에 비해 몇 % 내렸는지 구하기

풀이 과정

❶ 지난달과 이번 달의 우유 한 갑의 가격은?

지난달: 3000 ÷ 3 = 1000 (원)

이번 달: 1900 ÷ 2 = 950 (원)

❷ 이번 달에 내린 우유 한 갑의 가격은?

1000 − 950 = 50 (원)

❸ 이번 달 우유 한 갑의 가격은 지난달에 비해 몇 % 내렸는지 구하면?

$\frac{50}{1000}$ × 100 = 5 이므로

이번 달 우유 한 갑의 가격은 지난달에 비해 5 % 내렸습니다.

답 **5 %**

문제가 어려웠나
○ 어려
○ 적당
○ 쉬워

문장제 실력 쌓기
+ 비교하는 양(기준량)을 구하여 비 구하기
+ 가격이 변한 비율 구하기

문제를 읽고 '연습하기'에서 했던 것처럼 밑줄을 그어 가며 문제를 풀어 보세요.

1 줄넘기를 민정이는 56번 했고, 지민이는 민정이보다 4번 더 적게 했습니다.
지민이가 한 줄넘기 횟수의 민정이가 한 줄넘기 횟수에 대한 비를 써 보세요.

❶ 지민이가 한 줄넘기 횟수는?
(예) 56 − 4 = 52(번)

❷ 지민이가 한 줄넘기 횟수의 민정이가 한 줄넘기 횟수에 대한 비는?
(예) 기준량은 민정이가 한 줄넘기 횟수, 비교하는 양은 지민이가 한 줄넘기 횟수이므로 비로 나타내면 52 : 56입니다.

답 **52 : 56**

2 어느 지역에 어제 내린 눈의 양은 15 mm이고, 오늘 내린 눈의 양은 어제보다 3 mm
더 많습니다. 어제 내린 눈의 양에 대한 오늘 내린 눈의 양의 비를 써 보세요.

❶ 오늘 내린 눈의 양은?
(예) 15 + 3 = 18(mm)

❷ 어제 내린 눈의 양에 대한 오늘 내린 눈의 양의 비는?
(예) 기준량은 어제 내린 눈의 양, 비교하는 양은 오늘 내린 눈의 양이므로 비로 나타내면 18 : 15입니다.

답 **18 : 15**

3 어느 가게에서 작년에는 붕어빵 2개를 1000원에 판매했고, 올해는 붕어빵 3개를
2100원에 판매하고 있습니다. 올해 붕어빵 한 개의 가격은 작년에 비해 몇 % 올랐는지
구해 보세요.

❶ 작년과 올해의 붕어빵 한 개의 가격은?
(예) 작년: 1000 ÷ 2 = 500(원)
올해: 2100 ÷ 3 = 700(원)

❷ 올해 오른 붕어빵 한 개의 가격은?
(예) 700 − 500 = 200(원)

❸ 올해 붕어빵 한 개의 가격은 작년에 비해 몇 % 올랐는지 구하면?
(예) $\frac{200}{500}$ × 100 = 40이므로 올해 붕어빵 한 개의 가격은 작년에 비해
40 % 올랐습니다.
답 **40 %**

4 어느 문구점에서 작년에는 볼펜 4자루를 6000원에 판매했고, 올해는 볼펜 5자루를
7200원에 판매하고 있습니다. 올해 볼펜 한 자루의 가격은 작년에 비해 몇 % 내렸는지
구해 보세요.

❶ 작년과 올해의 볼펜 한 자루의 가격은?
(예) 작년: 6000 ÷ 4 = 1500(원)
올해: 7200 ÷ 5 = 1440(원)

❷ 올해 내린 볼펜 한 자루의 가격은?
(예) 1500 − 1440 = 60(원)

❸ 올해 볼펜 한 자루의 가격은 작년에 비해 몇 % 내렸는지 구하면?
(예) $\frac{60}{1500}$ × 100 = 4이므로 올해 볼펜 한 자루의 가격은 작년에 비해
4 % 내렸습니다.
답 **4 %**

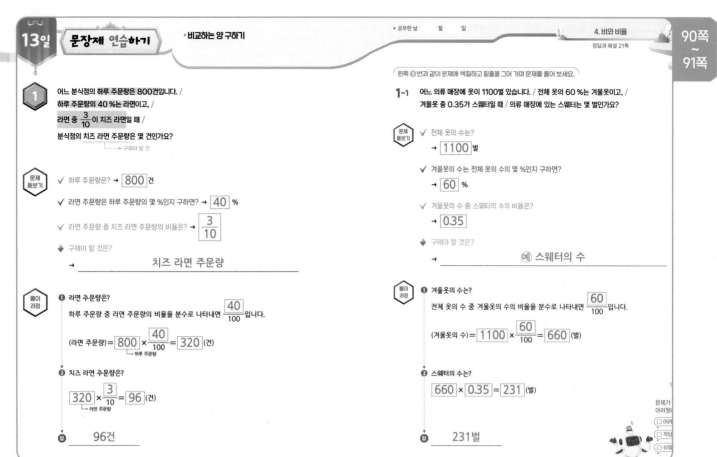

1 어느 분식점의 하루 주문량은 800건입니다. / 하루 주문량의 40 %는 라면이고, / 라면 중 $\frac{3}{10}$이 치즈 라면일 때 / 분식점의 치즈 라면 주문량은 몇 건인가요?

└─→ 구해야 할 것

문제 돌보기

✓ 하루 주문량은? → 800 건

✓ 라면 주문량은 하루 주문량의 몇 %인지 구하면? → 40 %

✓ 라면 주문량 중 치즈 라면 주문량의 비율은? → $\frac{3}{10}$

◆ 구해야 할 것은?

→ 치즈 라면 주문량

풀이 과정

❶ 라면 주문량은?

하루 주문량 중 라면 주문량의 비율을 분수로 나타내면 $\frac{40}{100}$입니다.

(라면 주문량)= 800 × $\frac{40}{100}$ = 320 (건)
└─ 하루 주문량

❷ 치즈 라면 주문량은?

320 × $\frac{3}{10}$ = 96 (건)
└─ 라면 주문량

답 96건

왼쪽 ❶번과 같이 문제에 색칠하고 밑줄을 그어 가며 문제를 풀어 보세요.

1-1 어느 의류 매장에 옷이 1100벌 있습니다. / 전체 옷의 60 %는 겨울옷이고, / 겨울옷 중 0.35가 스웨터일 때 / 의류 매장에 있는 스웨터는 몇 벌인가요?

문제 돌보기

✓ 전체 옷의 수는? → 1100 벌

✓ 겨울옷의 수는 전체 옷의 수의 몇 %인지 구하면? → 60 %

✓ 겨울옷의 수 중 스웨터의 수의 비율은? → 0.35

◆ 구해야 할 것은?

→ 예 스웨터의 수

풀이 과정

❶ 겨울옷의 수는?

전체 옷의 수 중 겨울옷의 수의 비율을 분수로 나타내면 $\frac{60}{100}$입니다.

(겨울옷의 수)= 1100 × $\frac{60}{100}$ = 660 (벌)

❷ 스웨터의 수는?

660 × 0.35 = 231 (벌)

답 231벌

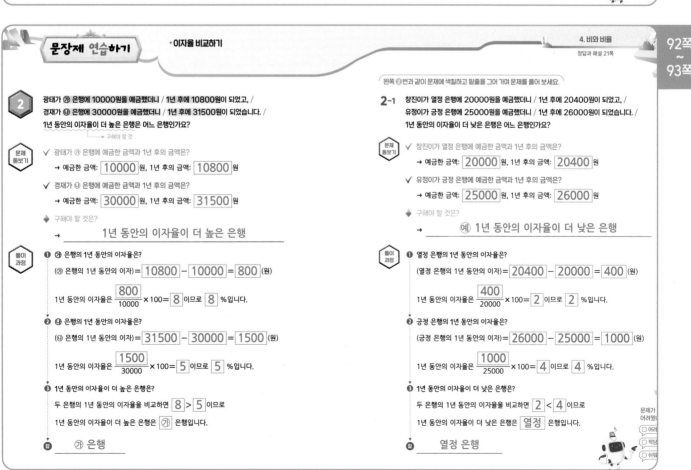

2 광태가 ㉮ 은행에 10000원을 예금했더니 / 1년 후에 10800원이 되었고, / 경재가 ㉯ 은행에 30000원을 예금했더니 / 1년 후에 31500원이 되었습니다. / 1년 동안의 이자율이 더 높은 은행은 어느 은행인가요?

└─→ 구해야 할 것

문제 돌보기

✓ 광태가 ㉮ 은행에 예금한 금액과 1년 후의 금액은?

→ 예금한 금액: 10000 원, 1년 후의 금액: 10800 원

✓ 경재가 ㉯ 은행에 예금한 금액과 1년 후의 금액은?

→ 예금한 금액: 30000 원, 1년 후의 금액: 31500 원

◆ 구해야 할 것은?

→ 1년 동안의 이자율이 더 높은 은행

풀이 과정

❶ ㉮ 은행의 1년 동안의 이자율은?

(㉮ 은행의 1년 동안의 이자)= 10800 − 10000 = 800 (원)

1년 동안의 이자율은 $\frac{800}{10000}$ × 100= 8 이므로 8 %입니다.

❷ ㉯ 은행의 1년 동안의 이자율은?

(㉯ 은행의 1년 동안의 이자)= 31500 − 30000 = 1500 (원)

1년 동안의 이자율은 $\frac{1500}{30000}$ × 100= 5 이므로 5 %입니다.

❸ 1년 동안의 이자율이 더 높은 은행은?

두 은행의 1년 동안의 이자율을 비교하면 8 > 5 이므로

1년 동안의 이자율이 더 높은 은행은 ㉮ 은행입니다.

답 ㉮ 은행

왼쪽 ❷번과 같이 문제에 색칠하고 밑줄을 그어 가며 문제를 풀어 보세요.

2-1 창진이가 열정 은행에 20000원을 예금했더니 / 1년 후에 20400원이 되었고, / 유정이가 긍정 은행에 25000원을 예금했더니 / 1년 후에 26000원이 되었습니다. / 1년 동안의 이자율이 더 낮은 은행은 어느 은행인가요?

문제 돌보기

✓ 창진이가 열정 은행에 예금한 금액과 1년 후의 금액은?

→ 예금한 금액: 20000 원, 1년 후의 금액: 20400 원

✓ 유정이가 긍정 은행에 예금한 금액과 1년 후의 금액은?

→ 예금한 금액: 25000 원, 1년 후의 금액: 26000 원

◆ 구해야 할 것은?

→ 예 1년 동안의 이자율이 더 낮은 은행

풀이 과정

❶ 열정 은행의 1년 동안의 이자율은?

(열정 은행의 1년 동안의 이자)= 20400 − 20000 = 400 (원)

1년 동안의 이자율은 $\frac{400}{20000}$ × 100= 2 이므로 2 %입니다.

❷ 긍정 은행의 1년 동안의 이자율은?

(긍정 은행의 1년 동안의 이자)= 26000 − 25000 = 1000 (원)

1년 동안의 이자율은 $\frac{1000}{25000}$ × 100= 4 이므로 4 %입니다.

❸ 1년 동안의 이자율이 더 낮은 은행은?

두 은행의 1년 동안의 이자율을 비교하면 2 < 4 이므로

1년 동안의 이자율이 더 낮은 은행은 열정 은행입니다.

답 열정 은행

문장제 실력 쌓기

+ 비교하는 양 구하기
+ 이자율 비교하기

문제를 읽고 '연습하기'에서 했던 것처럼 밑줄을 그어 가며 문제를 풀어 보세요.

1 창고에 음료수가 2400개 있습니다. 전체 음료수의 25 %는 주스이고, 주스 중 0.35가 오렌지 주스일 때 창고에 있는 오렌지 주스는 몇 개인가요?

❶ 주스의 수는?
예) 전체 음료수의 수 중 주스의 수의 비율을 분수로 나타내면 $\frac{25}{100}$입니다.
(주스의 수)=$2400 \times \frac{25}{100}=600$(개)

❷ 오렌지 주스의 수는?
예) $600 \times 0.35 = 210$(개)

답 ___210개___

2 서원이네 학교 도서관에는 책이 5000권 있습니다. 전체 책의 45 %는 소설책이고, 소설책 중 $\frac{7}{10}$이 한국 소설책일 때 도서관에 있는 한국 소설책은 몇 권인가요?

❶ 소설책의 수는?
예) 전체 책의 수 중 소설책의 수의 비율을 분수로 나타내면 $\frac{45}{100}$입니다.
(소설책의 수)=$5000 \times \frac{45}{100}=2250$(권)

❷ 한국 소설책의 수는?
예) $2250 \times \frac{7}{10}=1575$(권)

답 ___1575권___

3 예찬이가 동해 은행에 50000원을 예금했더니 1년 후에 51500원이 되었고, 범구가 백두 은행에 60000원을 예금했더니 1년 후에 63000원이 되었습니다. 1년 동안의 이자율이 더 높은 은행은 어느 은행인가요?

❶ 동해 은행의 1년 동안의 이자율은?
예) (동해 은행의 1년 동안의 이자)=$51500-50000=1500$(원)
1년 동안의 이자율은 $\frac{1500}{50000} \times 100=3$이므로 3 %입니다.

❷ 백두 은행의 1년 동안의 이자율은?
예) (백두 은행의 1년 동안의 이자)=$63000-60000=3000$(원)
1년 동안의 이자율은 $\frac{3000}{60000} \times 100=5$이므로 5 %입니다.

❸ 1년 동안의 이자율이 더 높은 은행은?
예) 두 은행의 1년 동안의 이자율을 비교하면 $3<5$이므로 1년 동안의 이자율이 더 높은 은행은 백두 은행입니다.

답 ___백두 은행___

4 라희는 ㉮ 은행에 100000원을 예금했더니 1년 후에 107000원이 되었고, 진경이는 ㉯ 은행에 70000원을 예금했더니 1년 후에 73500원이 되었습니다. 1년 동안의 이자율이 더 낮은 은행은 어느 은행인가요?

❶ ㉮ 은행의 1년 동안의 이자율은?
예) (㉮ 은행의 1년 동안의 이자)=$107000-100000=7000$(원)
1년 동안의 이자율은 $\frac{7000}{100000} \times 100=7$이므로 7 %입니다.

❷ ㉯ 은행의 1년 동안의 이자율은?
예) (㉯ 은행의 1년 동안의 이자)=$73500-70000=3500$(원)
1년 동안의 이자율은 $\frac{3500}{70000} \times 100=5$이므로 5 %입니다.

❸ 1년 동안의 이자율이 더 낮은 은행은?
예) 두 은행의 1년 동안의 이자율을 비교하면 $7>5$이므로 1년 동안의 이자율이 더 낮은 은행은 ㉯ 은행입니다.

답 ___㉯ 은행___

14일 단원 마무리

*공부한 날 월 일

84쪽 비교하는 양(기준량)을 구하여 비 구하기

1 냉장고에 사과가 10개 있고, 배는 사과보다 4개 더 적습니다. 사과의 수와 배의 수의 비를 써 보세요.

풀이) 예) 배는 사과보다 4개 더 적으므로 $10-4=6$(개)입니다.
기준량은 배의 수, 비교하는 양은 사과의 수이므로 비로 나타내면 10 : 6입니다.

답 ___10 : 6___

86쪽 가격이 변한 비율 구하기

2 어느 가게에서 작년에는 사탕 한 개를 500원에 판매했고, 올해는 사탕 한 개를 600원에 판매하고 있습니다. 올해 사탕 한 개의 가격은 작년에 비해 몇 % 올랐는지 구해 보세요.

풀이) 예) 올해 오른 사탕 한 개의 가격은 $600-500=100$(원)입니다.
$\frac{100}{500} \times 100=20$이므로 올해 사탕 한 개의 가격은 작년에 비해 20 % 올랐습니다.

답 ___20 %___

92쪽 이자율 비교하기

3 흥민이는 ㉮ 은행에 80000원을 예금했더니 1년 후에 이자로 6400원을 받았고, 민재는 ㉯ 은행에 95000원을 예금했더니 1년 후에 이자로 9500원을 받았습니다. 1년 동안의 이자율이 더 높은 은행은 어느 은행인가요?

풀이) 예) ㉮ 은행의 1년 동안의 이자율은 $\frac{6400}{80000} \times 100=8$이므로 8 %입니다.
㉯ 은행의 1년 동안의 이자율은 $\frac{9500}{95000} \times 100=10$이므로 10 %입니다.
두 은행의 1년 동안의 이자율을 비교하면 $8<10$이므로 이자율이 더 높은 은행은 ㉯ 은행입니다.

답 ___㉯ 은행___

90쪽 비교하는 양 구하기

4 넓이가 2100 m²인 밭의 35 %에 토마토를 심었습니다. 그중 $\frac{4}{5}$가 방울토마토일 때 방울토마토를 심은 밭의 넓이는 몇 m²인가요?

풀이) 예) 전체 밭의 넓이 중 토마토를 심은 밭의 넓이의 비율을 분수로 나타내면 $\frac{35}{100}$입니다.
(토마토를 심은 밭의 넓이)=$2100 \times \frac{35}{100}=735$(m²)
(방울토마토를 심은 밭의 넓이)=$735 \times \frac{4}{5}=588$(m²)

답 ___588 m²___

90쪽 비교하는 양 구하기

5 관희네 학교 학생은 320명입니다. 전체 학생의 40 %는 간식으로 빵을 먹었고, 빵을 먹은 학생 중 0.25가 크림빵을 먹었을 때 관희네 학교 학생 중 간식으로 크림빵을 먹은 학생은 몇 명인가요?

풀이) 예) 전체 학생 수 중 간식으로 빵을 먹은 학생 수의 비율을 분수로 나타내면 $\frac{40}{100}$입니다.
(간식으로 빵을 먹은 학생 수)=$320 \times \frac{40}{100}=128$(명)
(간식으로 크림빵을 먹은 학생 수)=$128 \times 0.25=32$(명)

답 ___32명___

6 [86쪽] 가격이 변한 비율 구하기

어느 가게에서 작년에는 머리핀 4개를 10000원에 판매했고, 올해는 머리핀 5개를 10000원에 판매하고 있습니다. 올해 머리핀 한 개의 가격은 작년에 비해 몇 % 내렸는지 구해 보세요.

(풀이) ⑩ 머리핀 한 개의 가격은 작년에는 $10000 \div 4 = 2500$(원), 올해는 $10000 \div 5 = 2000$(원)입니다.
올해 내린 머리핀 한 개의 가격은 $2500 - 2000 = 500$(원)입니다.
$\frac{500}{2500} \times 100 = 20$이므로 올해 머리핀 한 개의 가격은 작년에 비해 20 % 내렸습니다.

(답) __20 %__

7 [84쪽] 비교하는 양(기준량)을 구하여 비 구하기

신비는 친구들과 달리기를 했습니다. 신비는 120 m를 달렸고, 은하는 신비보다 10 m 더 많이 달렸고, 예원이는 은하보다 15 m 더 적게 달렸습니다. 신비가 달린 거리에 대한 예원이가 달린 거리의 비를 써 보세요.

(풀이) ⑩ (은하가 달린 거리)$=120+10=130$(m)
(예원이가 달린 거리)$=130-15=115$(m)
기준량은 신비가 달린 거리, 비교하는 양은 예원이가 달린 거리이므로 비로 나타내면 $115 : 120$입니다.

(답) __115 : 120__

8 [92쪽] 이자율 비교하기

도훈이가 사랑 은행에 11000원을 예금했더니 1년 후에 11990원이 되었고, 정은이가 우정 은행에 35000원을 예금했더니 1년 후에 38500원이 되었습니다. 1년 동안의 이자율이 더 낮은 은행은 어느 은행인가요?

(풀이) ⑩ (사랑 은행의 1년 동안의 이자)$=11990-11000=990$(원)
사랑 은행의 1년 동안의 이자율은 $\frac{990}{11000} \times 100 = 9$이므로 9 %입니다.
(우정 은행의 1년 동안의 이자)$=38500-35000=3500$(원)
우정 은행의 1년 동안의 이자율은 $\frac{3500}{35000} \times 100 = 10$이므로 10 %입니다.
두 은행의 1년 동안의 이자율을 비교하면 $9<10$이므로 1년 동안의 이자율이 더 낮은 은행은 사랑 은행입니다.

(답) __사랑 은행__

9 [92쪽] 이자율 비교하기

오른쪽은 희찬이가 ㉮ 은행과 ㉯ 은행에 각각 예금한 금액과 1년 후에 찾은 금액입니다. 1년 동안의 이자율이 더 높은 은행은 어느 은행인가요?

	예금한 금액	찾은 금액
㉮ 은행	30000원	32100원
㉯ 은행	80000원	84800원

(풀이) ⑩ (㉮ 은행의 1년 동안 이자)$=32100-30000=2100$(원)
㉮ 은행의 1년 동안의 이자율은 $\frac{2100}{30000} \times 100 = 7$이므로 7 %입니다.
(㉯ 은행의 1년 동안 이자)$=84800-80000=4800$(원)
㉯ 은행의 1년 동안의 이자율은 $\frac{4800}{80000} \times 100 = 6$이므로 6 %입니다.
두 은행의 1년 동안의 이자율을 비교하면 $7>6$이므로 1년 동안의 이자율이 더 높은 은행은 ㉮ 은행입니다.

(답) __㉮ 은행__

10 도전 문제 [90쪽] 비교하는 양 구하기

영지네 학교 6학년 학생 200명이 수학여행 장소 투표를 했습니다. 전체 학생의 60 %는 바다를 골랐고, 바다를 고른 학생 중 45 %가 여학생일 때 영지네 학교 6학년 학생 중 수학여행 장소로 바다를 고른 남학생은 바다를 고른 여학생보다 몇 명 더 많은가요?

❶ 바다를 고른 학생 수는?

⑩ 6학년 학생 수 중 바다를 고른 학생 수의 비율을 분수로 나타내면 $\frac{60}{100}$입니다.
(바다를 고른 학생 수)$=200 \times \frac{60}{100} = 120$(명)

❷ 바다를 고른 여학생 수는?

⑩ 바다를 고른 학생 수 중 여학생 수의 비율을 분수로 나타내면 $\frac{45}{100}$입니다.
(바다를 고른 여학생 수)$=120 \times \frac{45}{100} = 54$(명)

❸ 바다를 고른 남학생은 바다를 고른 여학생보다 몇 명 더 많은지 구하면?

⑩ 바다를 고른 남학생은 $120-54=66$(명)이므로 바다를 고른 남학생은 바다를 고른 여학생보다 $66-54=12$(명) 더 많습니다.

(답) __12명__

5. 여러 가지 그래프

102쪽 ~ 103쪽

문장제 준비하기

함께 풀어 보요!

보석을 찾으며 빈칸에 알맞은 수나 말을 써 보세요.

취미별 학생 수

춤 (26 %) 독서 (24 %) 요리 (30 %) 운동 (20 %)

가장 많은 학생들의 취미는 백분율이 가장 높은 요리 (이)야.

좋아하는 꽃별 학생 수

| 장미 (42 %) | 무궁화 (32 %) | 튤립 (26 %) |

전체 학생 중 32 %의 학생이 좋아하는 꽃은 무궁화 이고 튤립을 좋아하는 학생은 전체의 26 %야.

위의 띠그래프에서 전체 학생 수가 50명이라면 장미를 좋아하는 학생은

$50 \times \dfrac{42}{100} = 21$ (명)이야.

104쪽 ~ 105쪽

15일 문장제 연습하기 +그림그래프 해석하기

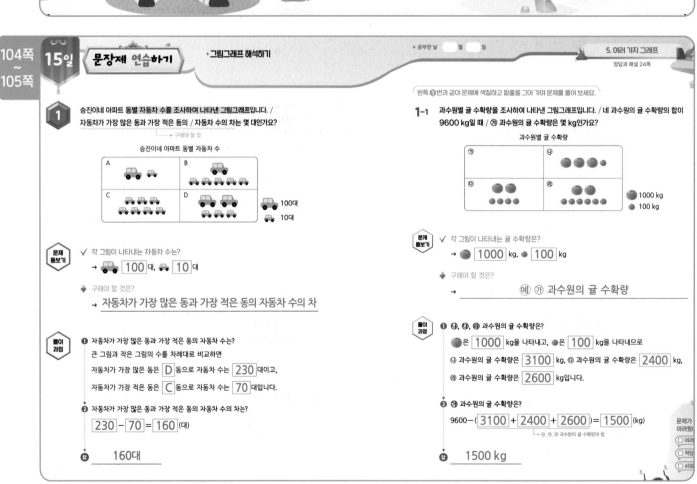

1 승진이네 아파트 동별 자동차 수를 조사하여 나타낸 그림그래프입니다. / 자동차가 가장 많은 동과 가장 적은 동의 / 자동차 수의 차는 몇 대인가요?

→구해야 할 것

승진이네 아파트 동별 자동차 수

| A 🚗🚗 | B 🚗🚗🚗🚗🚗🚗 |
| C 🚗🚗🚗🚗🚗🚗🚗 | D 🚗🚗🚗🚗🚗🚗🚗 🚗🚗 |

🚗 100대
🚗 10대

문제 돋보기

✓ 각 그림이 나타내는 자동차 수는?

→ 🚗 100 대, 🚗 10 대

◆ 구해야 할 것은?

→ 자동차가 가장 많은 동과 가장 적은 동의 자동차 수의 차

풀이 과정

❶ 자동차가 가장 많은 동과 가장 적은 동의 자동차 수는?
큰 그림과 작은 그림의 수를 차례대로 비교하면
자동차가 가장 많은 동은 D 동으로 자동차 수는 230 대이고,
자동차가 가장 적은 동은 C 동으로 자동차 수는 70 대입니다.

❷ 자동차가 가장 많은 동과 가장 적은 동의 자동차 수의 차는?
230 − 70 = 160 (대)

답 160대

1-1 과수원별 귤 수확량을 조사하여 나타낸 그림그래프입니다. / 네 과수원의 귤 수확량의 합이 9600 kg일 때 / ㉮ 과수원의 귤 수확량은 몇 kg인가요?

과수원별 귤 수확량

| ㉮ | ㉯ 🟠🟠🟠🟠 |
| ㉰ 🟠🟠🟠🟠 | ㉱ 🟠🟠🟠🟠🟠🟠 |

🟠 1000 kg
🔵 100 kg

문제 돋보기

✓ 각 그림이 나타내는 귤 수확량은?

→ 🟠 1000 kg, 🔵 100 kg

◆ 구해야 할 것은?

→ 예 ㉮ 과수원의 귤 수확량

풀이 과정

❶ ㉯, ㉰, ㉱ 과수원의 귤 수확량은?
🟠은 1000 kg을 나타내고, 🔵은 100 kg을 나타내므로
㉯ 과수원의 귤 수확량은 3100 kg, ㉰ 과수원의 귤 수확량은 2400 kg,
㉱ 과수원의 귤 수확량은 2600 kg입니다.

❷ ㉮ 과수원의 귤 수확량은?
9600 − (3100 + 2400 + 2600) = 1500 (kg)
└ ㉯, ㉰, ㉱ 과수원의 귤 수확량의 합

답 1500 kg

왼쪽 ❶번과 같이 문제에 색칠하고 밑줄을 그어 가며 문제를 풀어 보세요.

문제가 어려웠나요?
○ 어려
○ 적당
○ 쉬워

2 소미네 학교 학생들이 / 좋아하는 색깔을 조사하여 나타낸 표입니다. / 띠그래프로 나타내어 보세요.

└→ 구해야 할 것

좋아하는 색깔별 학생 수

색깔	흰색	초록색	하늘색	빨간색	합계
학생 수(명)	100	175	125		500

 문제 돋보기

✔ 색깔별 좋아하는 학생 수는?
→ 흰색: 100 명, 초록색: 175 명, 하늘색: 125 명

✔ 조사한 전체 학생 수는? → 500 명

◆ 구해야 할 것은?
→ 띠그래프로 나타내기

 풀이 과정

❶ 빨간색을 좋아하는 학생 수는?
500− (100 + 175 + 125) = 100 (명)
└─ 흰색, 초록색, 하늘색을 좋아하는 학생 수의 합

❷ 좋아하는 색깔별 백분율은?
흰색: $\frac{100}{500}$ ×100= 20 %, 초록색: $\frac{175}{500}$ ×100= 35 %,

하늘색: $\frac{125}{500}$ ×100= 25 %, 빨간색: $\frac{100}{500}$ ×100= 20 %

좋아하는 색깔별 학생 수

| 흰색 (20 %) | 초록색 (35 %) | 하늘색 (25 %) | 빨간색 (20 %) |

왼쪽 ❷번과 같이 문제에 색칠하고 밑줄을 그어 가며 문제를 풀어 보세요.

2-1 상우네 반 학급 문고에 있는 책을 / 종류별로 조사하여 나타낸 표입니다. / 원그래프로 나타내어 보세요.

종류별 책 수

종류	과학책	소설책	역사책	동화책	합계
책 수(권)	32		48	56	160

 문제 돋보기

✔ 종류별 책 수는? → 과학책: 32 권, 역사책: 48 권, 동화책: 56 권

✔ 상우네 반 학급 문고에 있는 전체 책 수는? → 160 권

◆ 구해야 할 것은?
→ (예) 원그래프로 나타내기

 풀이 과정

❶ 소설책의 수는?
160− (32 + 48 + 56) = 24 (권)

❷ 책의 종류별 백분율은?
과학책: $\frac{32}{160}$ ×100= 20 %, 소설책: $\frac{24}{160}$ ×100= 15 %,

역사책: $\frac{48}{160}$ ×100= 30 %, 동화책: $\frac{56}{160}$ ×100= 35 %

종류별 책 수

과학책 (20 %) / 소설책 (15 %) / 역사책 (30 %) / 동화책 (35 %)

문제를 읽고 '연습하기'에서 했던 것처럼 밑줄을 그어 가며 문제를 풀어 보세요.

1 마을별 학생 수를 조사하여 나타낸 그림그래프입니다. 네 마을의 학생 수의 합이 950명일 때 사랑 마을의 학생 수는 몇 명인가요?

마을별 학생 수

👤100명 👤10명

❶ 행복, 초록, 소망 마을의 학생 수는?
(예) 큰 그림은 100명을 나타내고, 작은 그림은 10명을 나타내므로
행복 마을의 학생 수는 150명, 초록 마을의 학생 수는 400명,
소망 마을의 학생 수는 170명입니다.

❷ 사랑 마을의 학생 수는?
(예) 950−(150+400+170)=230(명)

답 230명

2 위 1의 그림그래프에서 학생 수가 둘째로 많은 마을과 둘째로 적은 마을의 학생 수의 차는 몇 명인가요?

❶ 학생 수가 둘째로 많은 마을과 둘째로 적은 마을의 학생 수는?
(예) 큰 그림과 작은 그림의 수를 차례대로 비교하면
학생 수가 둘째로 많은 마을은 사랑 마을로 학생 수는 230명이고,
학생 수가 둘째로 적은 마을은 소망 마을로 학생 수는 170명입니다.

❷ 학생 수가 둘째로 많은 마을과 둘째로 적은 마을의 학생 수의 차는?
(예) 230−170=60(명)

답 60명

3 진우네 가족이 채소를 심은 텃밭의 넓이를 조사하여 나타낸 표입니다. 원그래프로 나타내어 보세요.

채소를 심은 텃밭의 넓이

채소	감자	고추	파	합계
넓이(m²)	18	8		40

❶ 파를 심은 텃밭의 넓이는?
(예) 40−(18+8)=14(m²)

❷ 채소를 심은 텃밭의 넓이의 백분율은?
(예) 감자: $\frac{18}{40}$ ×100=45 %,

고추: $\frac{8}{40}$ ×100=20 %,

파: $\frac{14}{40}$ ×100=35 %

파 (35 %) / 감자 (45 %) / 고추 (20 %)

4 하늘 초등학교 6학년 학생들이 태어난 계절을 조사하여 나타낸 표입니다. 띠그래프로 나타내어 보세요.

태어난 계절별 학생 수

계절	봄	여름	가을	겨울	합계
학생 수(명)		9	18	15	60

❶ 봄에 태어난 학생 수는?
(예) 60−(9+18+15)=18(명)

(예) 봄: $\frac{18}{60}$ ×100=30 %,

여름: $\frac{9}{60}$ ×100=15 %,

❷ 태어난 계절별 백분율은?

가을: $\frac{18}{60}$ ×100=30 %,

겨울: $\frac{15}{60}$ ×100=25 %

태어난 계절별 학생 수

| 봄 (30 %) | 여름 (15 %) | 가을 (30 %) | 겨울 (25 %) |

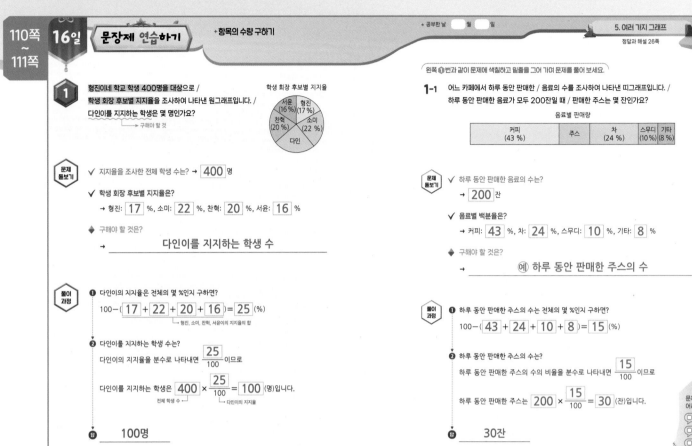

1 형진이네 학교 학생 400명을 대상으로 / 학생 회장 후보별 지지율을 조사하여 나타낸 원그래프입니다. / 다인이를 지지하는 학생은 몇 명인가요?
└─ 구해야 할 것

학생 회장 후보별 지지율
서윤 (16 %), 형진 (17 %), 찬혁 (20 %), 소미 (22 %), 다인

문제 돌보기

✔ 지지율을 조사한 전체 학생 수는? → 400 명

✔ 학생 회장 후보별 지지율은?
→ 형진: 17 %, 소미: 22 %, 찬혁: 20 %, 서윤: 16 %

◆ 구해야 할 것은?
→ 다인이를 지지하는 학생 수

풀이 과정

❶ 다인이의 지지율은 전체의 몇 %인지 구하면?
100 − (17 + 22 + 20 + 16) = 25 (%)
└─ 형진, 소미, 찬혁, 서윤이의 지지율의 합

❷ 다인이를 지지하는 학생 수는?
다인이의 지지율을 분수로 나타내면 $\frac{25}{100}$ 이므로
다인이를 지지하는 학생은 400 × $\frac{25}{100}$ = 100 (명)입니다.
전체 학생 수 ─┘ └─ 다인이의 지지율

답 100명

왼쪽 ❶번과 같이 문제에 색칠하고 밑줄을 그어 가며 문제를 풀어 보세요.

1-1 어느 카페에서 하루 동안 판매한 / 음료의 수를 조사하여 나타낸 띠그래프입니다. / 하루 동안 판매한 음료가 모두 200잔일 때 / 판매한 주스는 몇 잔인가요?

음료별 판매량

커피 (43 %)	주스	차 (24 %)	스무디 (10 %)	기타 (8 %)

문제 돌보기

✔ 하루 동안 판매한 음료의 수는?
→ 200 잔

✔ 음료별 백분율은?
→ 커피: 43 %, 차: 24 %, 스무디: 10 %, 기타: 8 %

◆ 구해야 할 것은?
→ (예) 하루 동안 판매한 주스의 수

풀이 과정

❶ 하루 동안 판매한 주스의 수는 전체의 몇 %인지 구하면?
100 − (43 + 24 + 10 + 8) = 15 (%)

❷ 하루 동안 판매한 주스의 수는?
하루 동안 판매한 주스의 수의 비율을 분수로 나타내면 $\frac{15}{100}$ 이므로
하루 동안 판매한 주스는 200 × $\frac{15}{100}$ = 30 (잔)입니다.

답 30잔

문제가 어려웠나요?
○ 어려워
○ 적당
○ 쉬워

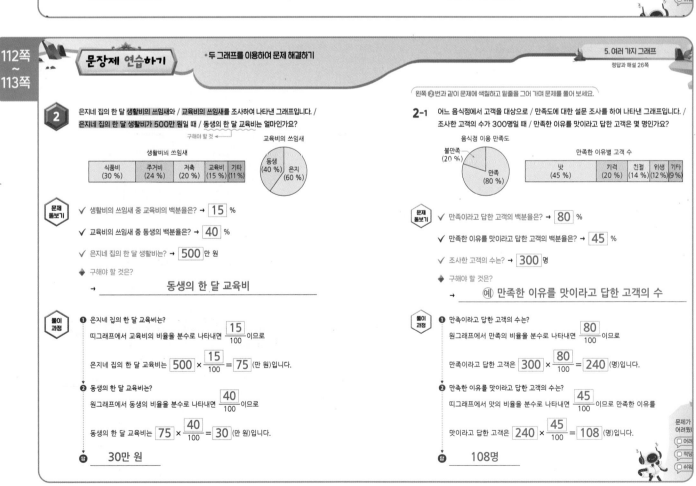

2 은지네 집의 한 달 생활비의 쓰임새와 / 교육비의 쓰임새를 조사하여 나타낸 그래프입니다. / 은지네 집의 한 달 생활비가 500만 원일 때 / 동생의 한 달 교육비는 얼마인가요?
└─ 구해야 할 것

생활비의 쓰임새

식품비 (30 %)	주거비 (24 %)	저축 (20 %)	교육비 (15 %)	기타 (11 %)

교육비의 쓰임새
동생 (40 %), 은지 (60 %)

문제 돌보기

✔ 생활비의 쓰임새 중 교육비의 백분율은? → 15 %

✔ 교육비의 쓰임새 중 동생의 백분율은? → 40 %

✔ 은지네 집의 한 달 생활비는? → 500 만 원

◆ 구해야 할 것은?
→ 동생의 한 달 교육비

풀이 과정

❶ 은지네 집의 한 달 교육비는?
띠그래프에서 교육비의 비율을 분수로 나타내면 $\frac{15}{100}$ 이므로
은지네 집의 한 달 교육비는 500 × $\frac{15}{100}$ = 75 (만 원)입니다.

❷ 동생의 한 달 교육비는?
원그래프에서 동생의 비율을 분수로 나타내면 $\frac{40}{100}$ 이므로
동생의 한 달 교육비는 75 × $\frac{40}{100}$ = 30 (만 원)입니다.

답 30만 원

왼쪽 ❷번과 같이 문제에 색칠하고 밑줄을 그어 가며 문제를 풀어 보세요.

2-1 어느 음식점에서 고객을 대상으로 / 만족도에 대한 설문 조사를 하여 나타낸 그래프입니다. / 조사한 고객의 수가 300명일 때 / 만족한 이유를 맛이라고 답한 고객은 몇 명인가요?

음식점 이용 만족도
불만족 (20 %), 만족 (80 %)

만족한 이유별 고객 수

맛 (45 %)	가격 (20 %)	친절 (14 %)	위생 (12 %)	기타 (9 %)

문제 돌보기

✔ 만족이라고 답한 고객의 백분율은? → 80 %

✔ 만족한 이유를 맛이라고 답한 고객의 백분율은? → 45 %

✔ 조사한 고객의 수는? → 300 명

◆ 구해야 할 것은?
→ (예) 만족한 이유를 맛이라고 답한 고객의 수

풀이 과정

❶ 만족이라고 답한 고객의 수는?
원그래프에서 만족의 비율을 분수로 나타내면 $\frac{80}{100}$ 이므로
만족이라고 답한 고객은 300 × $\frac{80}{100}$ = 240 (명)입니다.

❷ 만족한 이유를 맛이라고 답한 고객의 수는?
띠그래프에서 맛의 비율을 분수로 나타내면 $\frac{45}{100}$ 이므로 만족한 이유를
맛이라고 답한 고객은 240 × $\frac{45}{100}$ = 108 (명)입니다.

답 108명

문제가 어려웠나
○ 어려워
○ 적당
○ 쉬워

＊ 항목의 수량 구하기
＊ 두 그래프를 이용하여 문제 해결하기

5. 여러 가지 그래프
정답과 해설 27쪽

114쪽
~
115쪽

문제를 읽고 '연습하기'에서 했던 것처럼 밑줄을 그어 가며 문제를 풀어 보세요.

1 은아네 학교 학생 800명을 대상으로 가고 싶은 나라를 조사하여 나타낸 원그래프입니다. 스페인에 가고 싶은 학생은 몇 명인가요?

가고 싶은 나라별 학생 수
기타 (15 %), 태국 (19 %), 미국 (26 %), 이집트 (17 %), 스페인

❶ 스페인에 가고 싶은 학생 수는 전체의 몇 %인지 구하면?
예 $100-(26+17+19+15)=23(\%)$

❷ 스페인에 가고 싶은 학생 수는?
예 스페인에 가고 싶은 학생 수의 비율을 분수로 나타내면 $\frac{23}{100}$ 이므로
스페인에 가고 싶은 학생은 $800 \times \frac{23}{100}=184$(명)입니다.

답 **184명**

2 어느 지역 주민들이 관람하고 싶은 공연을 조사하여 나타낸 띠그래프입니다.
조사에 참여한 주민이 1000명이라면 콘서트를 관람하고 싶은 주민은 몇 명인가요?

관람하고 싶은 공연별 주민 수

콘서트	오페라 (31.2 %)	뮤지컬 (17.6 %)	연주회 (10.5 %)	기타 (11.8 %)

❶ 콘서트를 관람하고 싶은 주민 수는 전체의 몇 %인지 구하면?
예 $100-(31.2+17.6+10.5+11.8)=28.9(\%)$

❷ 콘서트를 관람하고 싶은 주민 수는?
예 콘서트를 관람하고 싶은 주민 수의 비율을 분수로 나타내면 $\frac{289}{1000}$ 이므로
콘서트를 관람하고 싶은 주민은 $1000 \times \frac{289}{1000}=289$(명)입니다.

답 **289명**

3 사랑 초등학교 6학년 학생들이 참여하는 방과후학교 프로그램과 요리부에 참여하는 학생 수를 조사하여 나타낸 그래프입니다. 방과후학교에 참여하는 6학년 학생이 200명일 때 요리부에 참여하는 여학생은 몇 명인가요?

방과후학교 프로그램별 학생 수

댄스부 (30 %)	탁구부 (15 %)	영어부 (25 %)	요리부 (20 %)	미술부 (10 %)

요리부에 참여하는 학생 수
남학생 (35 %), 여학생 (65 %)

❶ 요리부에 참여하는 학생 수는?
예 띠그래프에서 요리부의 비율을 분수로 나타내면 $\frac{20}{100}$ 이므로
요리부에 참여하는 학생은 $200 \times \frac{20}{100}=40$(명)입니다.

❷ 요리부에 참여하는 여학생 수는?
예 원그래프에서 여학생의 비율을 분수로 나타내면 $\frac{65}{100}$ 이므로
요리부에 참여하는 여학생은 $40 \times \frac{65}{100}=26$(명)입니다.

답 **26명**

4 위 **3**의 방과후학교 프로그램 중 댄스부에 참여하는 학생 수를 조사하여 나타낸 원그래프입니다. 댄스부에 참여하는 남학생은 몇 명인가요? 예 위 **3**의 띠그래프에서 댄스부의 비율을

댄스부에 참여하는 학생 수
여학생 (55 %), 남학생 (45 %)

❶ 댄스부에 참여하는 학생 수는? 분수로 나타내면 $\frac{30}{100}$ 이므로
댄스부에 참여하는 학생은 $200 \times \frac{30}{100}=60$(명)입니다.

❷ 댄스부에 참여하는 남학생 수는?
예 원그래프에서 남학생의 비율을 분수로 나타내면 $\frac{45}{100}$ 이므로
댄스부에 참여하는 남학생은 $60 \times \frac{45}{100}=27$(명)입니다.

답 **27명**

17일 단원 마무리
＊ 공부한 날   월   일

1 104쪽 그림그래프 해석하기
음식점별 방문 고객 수를 조사하여 나타낸 그림그래프입니다. 고객이 가장 많이 방문한 음식점과 가장 적게 방문한 음식점의 방문 고객 수의 차는 몇 명인가요?

음식점별 방문 고객 수
⑦ ⓝ ⓓ ⓡ
100명
10명

예 큰 그림과 작은 그림의 수를 차례대로 비교하면
고객이 가장 많이 방문한 음식점은 ⓡ 음식점으로 방문 고객은 310명이고,
고객이 가장 적게 방문한 음식점은 ⓝ 음식점으로 방문 고객은 150명입니다.
➡ $310-150=160$(명)

답 **160명**

2 106쪽 비율그래프로 나타내기
은아네 반 학생들의 등교 방법을 조사하여 나타낸 표입니다.
원그래프로 나타내어 보세요.

등교 방법별 학생 수

등교 방법	도보	버스	자전거	지하철	합계
학생 수(명)	8		5	3	20

풀이 예 (버스로 등교하는 학생 수)$=20-(8+5+3)=4$(명)
도보: $\frac{8}{20} \times 100=40$ %,
버스: $\frac{4}{20} \times 100=20$ %,
자전거: $\frac{5}{20} \times 100=25$ %,
지하철: $\frac{3}{20} \times 100=15$ %

답 등교 방법별 학생 수

지하철 (15 %), 도보 (40 %), 버스 (20 %), 자전거 (25 %)

3 106쪽 비율그래프로 나타내기
지우네 학교 학생들이 좋아하는 급식 메뉴를 조사하여 나타낸 표입니다.
띠그래프로 나타내어 보세요.

좋아하는 급식 메뉴별 학생 수

메뉴	불고기	스테이크	짜장면	치킨	합계
학생 수(명)	72	168	96		480

풀이 예 (치킨을 좋아하는 학생 수)$=480-(72+168+96)=144$(명)
불고기: $\frac{72}{480} \times 100=15$ %, 스테이크: $\frac{168}{480} \times 100=35$ %,
짜장면: $\frac{96}{480} \times 100=20$ %, 치킨: $\frac{144}{480} \times 100=30$ %

답 좋아하는 급식 메뉴별 학생 수
0 10 20 30 40 50 60 70 80 90 100(%)

불고기 (15 %)	스테이크 (35 %)	짜장면 (20 %)	치킨 (30 %)

4 110쪽 항목의 수량 구하기
은우네 학교 학생 600명을 대상으로 스마트폰으로 가장 많이 하는 활동을 조사하여 나타낸 띠그래프입니다. 스마트폰으로 가장 많이 하는 활동이 인터넷인 학생은 몇 명인가요?

스마트폰으로 가장 많이 하는 활동

게임 (18 %)	동영상 (29 %)	메신저 (36 %)	인터넷	전화 (7%)

풀이 예 스마트폰으로 가장 많이 하는 활동이 인터넷인 학생 수는 전체의
$100-(18+29+36+7)=10$(%)입니다.
10 %를 분수로 나타내면 $\frac{10}{100}$ 이므로
스마트폰으로 가장 많이 하는 활동이 인터넷인 학생은
$600 \times \frac{10}{100}=60$(명)입니다. 답 **60명**

104쪽 그림그래프 해석하기

5 농장별 키우는 돼지 수를 조사하여 나타낸 그림그래프입니다. 네 농장에서 키우는 돼지의 수의 합이 1380마리일 때 ㉣농장에서 키우는 돼지는 몇 마리인가요?

농장별 키우는 돼지 수

㉠	㉡
🐷🐷🐷 🐷🐷🐷🐷	🐷🐷 🐷🐷🐷🐷
㉢	㉣
🐷🐷 🐷🐷🐷	

🐷 100마리
🐷 10마리

풀이 예 큰 그림은 100마리를 나타내고, 작은 그림은 10마리를 나타내므로
㉠ 농장에서 키우는 돼지의 수는 370마리,
㉡ 농장에서 키우는 돼지의 수는 240마리,
㉢ 농장에서 키우는 돼지의 수는 250마리입니다.
㉣ 농장에서 키우는 돼지의 수)
=1380−(370+240+250)=520(마리)

답 ___520마리___

110쪽 항목의 수량 구하기

6 동물원 입장객 2000명을 대상으로 좋아하는 동물을 조사하여 나타낸 원그래프입니다. 판다를 좋아하는 입장객은 몇 명인가요?

좋아하는 동물별 입장객 수
기타(8.8 %)
기린(12.1 %)
여우(23.6 %)
판다
호랑이(17.4 %)

풀이 예 판다를 좋아하는 입장객 수는 전체의
100−(12.1+23.6+17.4+8.8)
=38.1(%)입니다.
38.1 %를 분수로 나타내면 $\frac{381}{1000}$ 이므로
판다를 좋아하는 입장객은 2000×$\frac{381}{1000}$=762(명)입니다.

답 ___762명___

112쪽 두 그래프를 이용하여 문제 해결하기

7 여행사 누리집 방문객을 대상으로 가고 싶은 역사 유적지와 경복궁에 가고 싶은 사람 수를 조사하여 나타낸 그래프입니다. 조사에 참여한 사람이 800명일 때 경복궁에 가고 싶은 남자는 몇 명인가요?

가고 싶은 역사 유적지별 사람 수

경복궁 (25 %)	동대문 (15 %)	불국사 (35 %)	하회마을 (15 %)	해인사

경복궁에 가고 싶은 사람 수
여자(58 %) 남자(42 %)

풀이 예 띠그래프에서 경복궁의 비율을 분수로 나타내면 $\frac{25}{100}$ 입니다.
(경복궁에 가고 싶은 사람 수)=800×$\frac{25}{100}$=200(명)
원그래프에서 남자의 비율을 분수로 나타내면 $\frac{42}{100}$ 입니다.
(경복궁에 가고 싶은 남자의 수)
=200×$\frac{42}{100}$=84(명)

답 ___84명___

112쪽 두 그래프를 이용하여 문제 해결하기

8 위 **7**의 가고 싶은 역사 유적지 중 해인사에 가고 싶은
도전 문제 사람 수를 조사하여 나타낸 원그래프입니다. 해인사에 가고 싶은 여자는 몇 명인가요?

해인사에 가고 싶은 사람 수
여자(35 %) 남자(65 %)

❶ 해인사에 가고 싶은 사람 수는 전체의 몇 %인지 구하면?
예 띠그래프에서 해인사에 가고 싶은 사람 수는
전체의 100−(25+15+35+15)=10(%)입니다.
❷ 해인사에 가고 싶은 사람 수는?
예 해인사에 가고 싶은 사람 수의 비율을 분수로 나타내면 $\frac{10}{100}$ 입니다.
(해인사에 가고 싶은 사람 수)=800×$\frac{10}{100}$=80(명)
❸ 해인사에 가고 싶은 여자의 수는?
예 원그래프에서 여자의 비율을 분수로 나타내면 $\frac{35}{100}$ 입니다.
(해인사에 가고 싶은 여자의 수)=80×$\frac{35}{100}$=28(명)

답 ___28명___

6. 직육면체의 부피와 겉넓이

문장제 준비하기

함께 풀어 보요!
보석을 찾으며 빈칸에 알맞은 수를 써 보세요.

직육면체 모양의 휴지 상자의 가로는 24 cm,
세로는 12 cm, 높이는 13 cm이므로
부피는 $24 \times 12 \times 13 = 3744$ (cm³)야.

한 모서리의 길이가 5 cm인 정육면체 모양의
블록의 겉넓이는 $5 \times 5 \times 6 = 150$ (cm²)야.

가로가 8 cm, 세로가 2 cm, 높이가 16 cm인
직육면체 모양의 과자 상자의 겉넓이는
$(8 \times 2 + 8 \times 16 + 2 \times 16) \times 2 = 352$ (cm²)야.

18일 문장제 연습하기
+ 빈틈없이 담을 수 있는
상자의 수 구하기

왼쪽 ①번과 같이 문제에 색칠하고 밑줄을 그어 가며 문제를 풀어 보세요.

①

직육면체 모양의 통 안쪽은 /
가로가 4 cm, 세로가 6 cm, 높이가 8 cm입니다. /
이 통 안에 가로가 2 cm, 세로가 3 cm, 높이가 2 cm인 /
직육면체 모양의 상자를 빈틈없이 넣는다면 /
상자는 모두 몇 개 넣을 수 있나요?
└→ 구해야 할 것

문제
돌보기

✔ 통 안쪽의 가로, 세로, 높이는? → 가로: 4 cm, 세로: 6 cm, 높이: 8 cm

✔ 상자의 가로, 세로, 높이는? → 가로: 2 cm, 세로: 3 cm, 높이: 2 cm

◆ 구해야 할 것은?

→ ___통 안에 빈틈없이 넣을 수 있는 상자의 수___

풀이
과정

❶ 가로, 세로, 높이로 놓는 상자의 수는?

(가로로 놓는 상자의 수)=(통 안쪽의 가로)÷(상자의 가로)

$= 4 \div 2 = 2$ (개)

(세로로 놓는 상자의 수)=(통 안쪽의 세로)÷(상자의 세로)

$= 6 \div 3 = 2$ (개)

(높이로 쌓는 상자의 수)=(통 안쪽의 높이)÷(상자의 높이)

$= 8 \div 2 = 4$ (개)

❷ 통 안에 빈틈없이 넣을 수 있는 상자의 수는?
└→ 높이로 쌓는 상자의 수

$2 \times 2 \times 4 = 16$ (개)
↑ 가로로 놓는 상자의 수   ↑ 세로로 놓는 상자의 수

답 ___16개___

1-1
직육면체 모양의 상자 안쪽은 / 가로가 8 cm, 세로가 10 cm, 높이가 6 cm입니다. /
이 상자 안에 가로가 2 cm, 세로가 5 cm, 높이가 2 cm인 / 직육면체 모양의 지우개를
빈틈없이 넣는다면 / 지우개는 모두 몇 개 넣을 수 있나요?

문제
돌보기

✔ 상자 안쪽의 가로, 세로, 높이는?

→ 가로: 8 cm, 세로: 10 cm, 높이: 6 cm

✔ 지우개의 가로, 세로, 높이는?

→ 가로: 2 cm, 세로: 5 cm, 높이: 2 cm

◆ 구해야 할 것은?

→ ⑩ 상자 안에 빈틈없이 넣을 수 있는 지우개의 수

풀이
과정

❶ 가로, 세로, 높이로 놓는 지우개의 수는?

(가로로 놓는 지우개의 수)=(상자 안쪽의 가로)÷(지우개의 가로)

$= 8 \div 2 = 4$ (개)

(세로로 놓는 지우개의 수)=(상자 안쪽의 세로)÷(지우개의 세로)

$= 10 \div 5 = 2$ (개)

(높이로 쌓는 지우개의 수)=(상자 안쪽의 높이)÷(지우개의 높이)

$= 6 \div 2 = 3$ (개)

❷ 상자 안에 빈틈없이 넣을 수 있는 지우개의 수는?

$4 \times 2 \times 3 = 24$ (개)

답 ___24개___

문제가
어려웠

□ 어려
□ 적당
□ 쉬워

문장제 연습하기

+ 만들 수 있는 가장 큰 정육면체의 부피 구하기

2 오른쪽과 같은 **직육면체 모양의 떡을 잘라서** / **정육면체 모양으로 만들려고 합니다.** / 만들 수 있는 가장 큰 정육면체 모양의 부피는 몇 cm³인가요? → 구해야 할 것

16 cm
15 cm 18 cm

문제 돋보기

✓ 떡의 가로, 세로, 높이는?
→ 가로: 15 cm, 세로: 18 cm, 높이: 16 cm

✓ 떡을 잘라서 만들려는 모양은?
→ 정육면체

◆ 구해야 할 것은?
→ 만들 수 있는 가장 큰 정육면체 모양의 부피

풀이 과정

❶ 만들 수 있는 가장 큰 정육면체의 한 모서리의 길이는?
떡의 가로, 세로, 높이 중 ← 알맞은 말에 ○표 하기
가장 (긴 , (짧은)) 길이가 정육면체의 한 모서리의 길이가 되므로
한 모서리의 길이는 15 cm입니다.

❷ 만들 수 있는 가장 큰 정육면체 모양의 부피는?
15 × 15 × 15 = 3375 (cm³)

답 3375 cm³

왼쪽 ❷번과 같이 문제에 색칠하고 밑줄을 그어 가며 문제를 풀어 보세요.

2-1 오른쪽과 같은 **직육면체 모양의 빵을 잘라서** / **정육면체 모양으로 만들려고 합니다.** / 만들 수 있는 가장 큰 정육면체 모양의 부피는 몇 cm³인가요?

5 cm
19 cm
6 cm

문제 돋보기

✓ 빵의 가로, 세로, 높이는?
→ 가로: 6 cm, 세로: 19 cm, 높이: 5 cm

✓ 빵을 잘라서 만들려는 모양은?
→ 정육면체

◆ 구해야 할 것은?
→ 예 만들 수 있는 가장 큰 정육면체 모양의 부피

풀이 과정

❶ 만들 수 있는 가장 큰 정육면체의 한 모서리의 길이는?
빵의 가로, 세로, 높이 중
가장 (긴 , (짧은)) 길이가 정육면체의 한 모서리의 길이가 되므로
한 모서리의 길이는 5 cm입니다.

❷ 만들 수 있는 가장 큰 정육면체 모양의 부피는?
5 × 5 × 5 = 125 (cm³)

답 125 cm³

문장제 실력 쌓기

+ 빈틈없이 담을 수 있는 상자의 수 구하기
+ 만들 수 있는 가장 큰 정육면체의 부피 구하기

문제를 읽고 '연습하기'에서 했던 것처럼 밑줄을 그어 가며 문제를 풀어 보세요.

1 직육면체 모양의 상자 안쪽은 가로가 3 cm, 세로가 7 cm, 높이가 16 cm입니다.
이 상자 안에 가로가 3 cm, 세로가 1 cm, 높이가 4 cm인 직육면체 모양의 나무토막을
빈틈없이 넣는다면 나무토막은 모두 몇 개 넣을 수 있나요?

❶ 가로, 세로, 높이로 놓는 나무토막의 수는?
예 (가로로 놓는 나무토막의 수)=(상자 안쪽의 가로)÷(나무토막의 가로)
=3÷3=1(개)
(세로로 놓는 나무토막의 수)=(상자 안쪽의 세로)÷(나무토막의 세로)
=7÷1=7(개)
(높이로 쌓는 나무토막의 수)=(상자 안쪽의 높이)÷(나무토막의 높이)
=16÷4=4(개)

❷ 상자 안에 빈틈없이 넣을 수 있는 나무토막의 수는?
예 1×7×4=28(개)

답 28개

2 직육면체 모양의 서랍 안쪽은 가로가 24 cm, 세로가 30 cm, 높이가 35 cm입니다.
이 서랍 안에 가로가 6 cm, 세로가 5 cm, 높이가 7 cm인 직육면체 모양의 블록을
빈틈없이 넣는다면 블록은 모두 몇 개 넣을 수 있나요?

❶ 가로, 세로, 높이로 놓는 블록의 수는?
예 (가로로 놓는 블록의 수)=(서랍 안쪽의 가로)÷(블록의 가로)=24÷6=4(개)
(세로로 놓는 블록의 수)=(서랍 안쪽의 세로)÷(블록의 세로)=30÷5=6(개)
(높이로 쌓는 블록의 수)=(서랍 안쪽의 높이)÷(블록의 높이)=35÷7=5(개)

❷ 서랍 안에 빈틈없이 넣을 수 있는 블록의 수는?
예 4×6×5=120(개)

답 120개

3 오른쪽과 같은 직육면체 모양의 버터를 잘라서 정육면체
모양으로 만들려고 합니다. 만들 수 있는 가장 큰 정육면체
모양의 부피는 몇 cm³인가요?

12 cm
13 cm 25 cm

❶ 만들 수 있는 가장 큰 정육면체의 한 모서리의 길이는?
예 버터의 가로, 세로, 높이 중 가장 짧은 길이가
정육면체의 한 모서리의 길이가 되므로 한 모서리의 길이는
12 cm입니다.

❷ 만들 수 있는 가장 큰 정육면체 모양의 부피는?
예 12×12×12=1728(cm³)

답 1728 cm³

4 오른쪽과 같은 직육면체 모양의 두부를 잘라서 정육면체
모양으로 만들려고 합니다. 만들 수 있는 가장 큰 정육면체
모양의 부피는 몇 cm³인가요?

11 cm
30 cm 30 cm

❶ 만들 수 있는 가장 큰 정육면체의 한 모서리의 길이는?
예 두부의 가로, 세로, 높이 중 가장 짧은 길이가
정육면체의 한 모서리의 길이가 되므로 한 모서리의 길이는
11 cm입니다.

❷ 만들 수 있는 가장 큰 정육면체 모양의 부피는?
예 11×11×11=1331(cm³)

답 1331 cm³

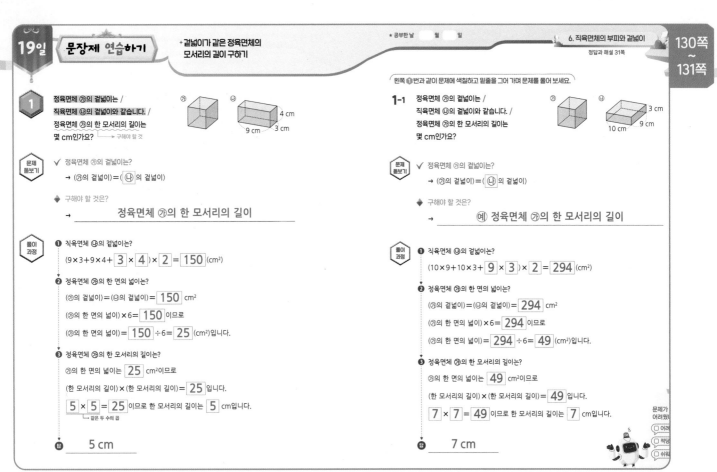

1 정육면체 ㉮의 겉넓이는 / 직육면체 ㉯의 겉넓이와 같습니다. / 정육면체 ㉮의 한 모서리의 길이는 몇 cm인가요? → 구해야 할 것

문제 돋보기

✔ 정육면체 ㉮의 겉넓이는?
→ (㉮의 겉넓이)=(㉯의 겉넓이)

◆ 구해야 할 것은?
→ 　정육면체 ㉮의 한 모서리의 길이　

풀이 과정

❶ 직육면체 ㉯의 겉넓이는?
(9×3+9×4+ 3 × 4)× 2 = 150 (cm²)

❷ 정육면체 ㉮의 한 면의 넓이는?
(㉮의 겉넓이)=(㉯의 겉넓이)= 150 cm²
(㉮의 한 면의 넓이)×6= 150 이므로
(㉮의 한 면의 넓이)= 150 ÷6= 25 (cm²)입니다.

❸ 정육면체 ㉮의 한 모서리의 길이는?
㉮의 한 면의 넓이는 25 cm²이므로
(한 모서리의 길이)×(한 모서리의 길이)= 25 입니다.
5 × 5 = 25 이므로 한 모서리의 길이는 5 cm입니다.
└─ 같은 두 수의 곱

답 　5 cm

왼쪽 ❶번과 같이 문제에 색칠하고 밑줄을 그어 가며 문제를 풀어 보세요.

1-1 정육면체 ㉮의 겉넓이는 / 직육면체 ㉯의 겉넓이와 같습니다. / 정육면체 ㉮의 한 모서리의 길이는 몇 cm인가요?

문제 돋보기

✔ 정육면체 ㉮의 겉넓이는?
→ (㉮의 겉넓이)=(㉯의 겉넓이)

◆ 구해야 할 것은?
→ 　예 정육면체 ㉮의 한 모서리의 길이　

풀이 과정

❶ 직육면체 ㉯의 겉넓이는?
(10×9+10×3+ 9 × 3)× 2 = 294 (cm²)

❷ 정육면체 ㉮의 한 면의 넓이는?
(㉮의 겉넓이)=(㉯의 겉넓이)= 294 cm²
(㉮의 한 면의 넓이)×6= 294 이므로
(㉮의 한 면의 넓이)= 294 ÷6= 49 (cm²)입니다.

❸ 정육면체 ㉮의 한 모서리의 길이는?
㉮의 한 면의 넓이는 49 cm²이므로
(한 모서리의 길이)×(한 모서리의 길이)= 49 입니다.
7 × 7 = 49 이므로 한 모서리의 길이는 7 cm입니다.

답 　7 cm

문제가 어려웠나
□ 어려
□ 적당
□ 쉬워

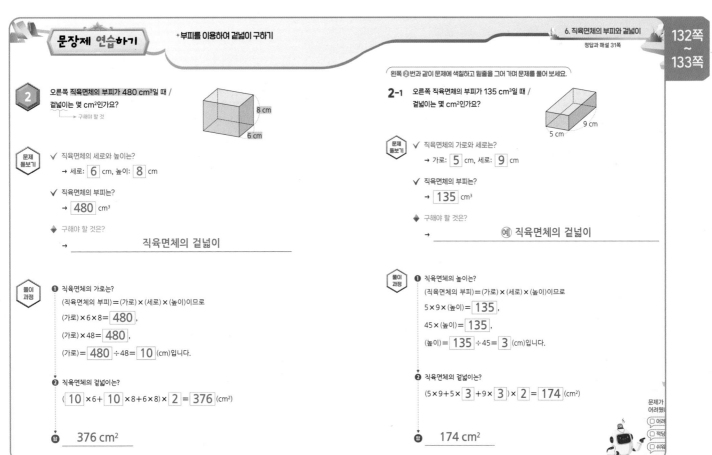

2 오른쪽 직육면체의 부피가 480 cm³일 때 / 겉넓이는 몇 cm²인가요? → 구해야 할 것

문제 돋보기

✔ 직육면체의 세로와 높이는?
→ 세로: 6 cm, 높이: 8 cm

✔ 직육면체의 부피는?
→ 480 cm³

◆ 구해야 할 것은?
→ 　직육면체의 겉넓이　

풀이 과정

❶ 직육면체의 가로는?
(직육면체의 부피)=(가로)×(세로)×(높이)이므로
(가로)×6×8= 480 ,
(가로)×48= 480 ,
(가로)= 480 ÷48= 10 (cm)입니다.

❷ 직육면체의 겉넓이는?
(10 ×6+ 10 ×8+6×8)× 2 = 376 (cm²)

답 　376 cm²

왼쪽 ❷번과 같이 문제에 색칠하고 밑줄을 그어 가며 문제를 풀어 보세요.

2-1 오른쪽 직육면체의 부피가 135 cm³일 때 / 겉넓이는 몇 cm²인가요?

문제 돋보기

✔ 직육면체의 가로와 세로는?
→ 가로: 5 cm, 세로: 9 cm

✔ 직육면체의 부피는?
→ 135 cm³

◆ 구해야 할 것은?
→ 　예 직육면체의 겉넓이　

풀이 과정

❶ 직육면체의 높이는?
(직육면체의 부피)=(가로)×(세로)×(높이)이므로
5×9×(높이)= 135 ,
45×(높이)= 135 ,
(높이)= 135 ÷45= 3 (cm)입니다.

❷ 직육면체의 겉넓이는?
(5×9+5× 3 + 9 ×3)× 2 = 174 (cm²)

답 　174 cm²

문제가 어려웠나
□ 어려
□ 적당
□ 쉬워

문장제 실력 쌓기

* 겉넓이가 같은 정육면체의 모서리의 길이 구하기
* 부피를 이용하여 겉넓이 구하기

문제를 읽고 '연습하기'에서 했던 것처럼 밑줄을 그어 가며 문제를 풀어 보세요.

1 정육면체 ㉮의 겉넓이는 직육면체 ㉯의 겉넓이와 같습니다. 정육면체 ㉮의 한 모서리의 길이는 몇 cm인가요?

❶ 직육면체 ㉯의 겉넓이는?
예) $(6×3+6×10+3×10)×2=216(cm^2)$

❷ 정육면체 ㉮의 한 면의 넓이는? 예) (㉮의 겉넓이)=(㉯의 겉넓이)=216 cm²
(㉮의 한 면의 넓이)×6=216이므로
(㉮의 한 면의 넓이)=216÷6=36(cm²)입니다.

❸ 정육면체 ㉮의 한 모서리의 길이는?
예) ㉮의 한 면의 넓이는 36 cm²이고
$6×6=36$이므로 한 모서리의 길이는 6 cm입니다.

답 __6 cm__

2 정육면체 ㉮의 겉넓이는 직육면체 ㉯의 겉넓이와 같습니다. 정육면체 ㉮의 한 모서리의 길이는 몇 cm인가요?

❶ 직육면체 ㉯의 겉넓이는?
예) $(9×4+9×12+4×12)×2=384(cm^2)$

❷ 정육면체 ㉮의 한 면의 넓이는? 예) (㉮의 겉넓이)=(㉯의 겉넓이)=384 cm²
(㉮의 한 면의 넓이)×6=384이므로
(㉮의 한 면의 넓이)=384÷6=64(cm²)입니다.

❸ 정육면체 ㉮의 한 모서리의 길이는?
예) ㉮의 한 면의 넓이는 64 cm²이고
$8×8=64$이므로 한 모서리의 길이는 8 cm입니다.

답 __8 cm__

3 오른쪽 직육면체의 부피가 240 cm³일 때 겉넓이는 몇 cm²인가요?

❶ 직육면체의 가로는?
예) (직육면체의 부피)
=(가로)×(세로)×(높이)이므로
(가로)×6×5=240, (가로)×30=240,
(가로)=240÷30=8(cm)입니다.

❷ 직육면체의 겉넓이는?
예) $(8×6+8×5+6×5)×2=236(cm^2)$

답 __236 cm²__

4 오른쪽 직육면체의 부피가 56 cm³일 때 겉넓이는 몇 cm²인가요?

❶ 직육면체의 세로는?
예) (직육면체의 부피)
=(가로)×(세로)×(높이)이므로
4×(세로)×2=56, (세로)×8=56,
(세로)=56÷8=7(cm)입니다.

❷ 직육면체의 겉넓이는?
예) $(4×7+4×2+7×2)×2=100(cm^2)$

답 __100 cm²__

20일 ## 단원 마무리

★ 공부한 날 ___ 월 ___ 일

124쪽 빈틈없이 담을 수 있는 상자의 수 구하기

1 직육면체 모양의 상자 안쪽은 가로가 6 cm, 세로가 10 cm, 높이가 8 cm입니다. 이 상자 안에 한 모서리의 길이가 2 cm인 정육면체 모양의 쌓기나무를 빈틈없이 넣는다면 쌓기나무는 모두 몇 개 넣을 수 있나요?

풀이) 예) (가로로 놓는 쌓기나무의 수)=6÷2=3(개)
(세로로 놓는 쌓기나무의 수)=10÷2=5(개)
(높이로 쌓는 쌓기나무의 수)=8÷2=4(개)
따라서 상자 안에 빈틈없이 넣을 수 있는 쌓기나무는
모두 3×5×4=60(개)입니다.

답 __60개__

130쪽 겉넓이가 같은 정육면체의 모서리의 길이 구하기

2 겉넓이가 같은 정육면체와 직육면체가 있습니다. 직육면체의 겉넓이가 54 cm²일 때 정육면체의 한 모서리의 길이는 몇 cm인가요?

풀이) 예) (정육면체의 겉넓이)=(직육면체의 겉넓이)=54 cm²
(정육면체의 한 면의 넓이)×6=54이므로
(정육면체의 한 면의 넓이)=54÷6=9(cm²)입니다.
정육면체의 한 면의 넓이는 9 cm²이므로
(한 모서리의 길이)×(한 모서리의 길이)=9입니다.
3×3=9이므로 한 모서리의 길이는 3 cm입니다.

답 __3 cm__

126쪽 만들 수 있는 가장 큰 정육면체의 부피 구하기

3 오른쪽과 같은 직육면체 모양의 케이크를 잘라서 정육면체 모양으로 만들려고 합니다. 만들 수 있는 가장 큰 정육면체 모양의 부피는 몇 cm³인가요?

풀이) 예) 케이크의 가로, 세로, 높이 중 가장 짧은 길이는 8 cm이므로
만들 수 있는 가장 큰 정육면체의 한 모서리의 길이는 8 cm입니다.
(가장 큰 정육면체 모양의 부피)=8×8×8=512(cm³)

답 __512 cm³__

132쪽 부피를 이용하여 겉넓이 구하기

4 오른쪽 직육면체의 부피가 144 cm³일 때 겉넓이는 몇 cm²인가요?

풀이) 예) (직육면체의 부피)=(가로)×(세로)×(높이)이므로
4×4×(높이)=144,
16×(높이)=144,
(높이)=144÷16=9(cm)입니다.
(직육면체의 겉넓이)=(4×4+4×9+4×9)×2=176(cm²)

답 __176 cm²__

130쪽 겉넓이가 같은 정육면체의 모서리의 길이 구하기

5 정육면체 ㉮의 겉넓이는 직육면체 ㉯의 겉넓이와 같습니다. 정육면체 ㉮의 한 모서리의 길이는 몇 cm인가요?

풀이) 예) (㉮의 겉넓이)=(㉯의 겉넓이)
=(2×6+2×12+6×12)×2=216(cm²)
(㉮의 한 면의 넓이)×6=216이므로
(㉮의 한 면의 넓이)=216÷6=36(cm²)입니다.
㉮의 한 면의 넓이는 36 cm²이므로
(한 모서리의 길이)×(한 모서리의 길이)=36입니다.
6×6=36이므로 한 모서리의 길이는 6 cm입니다.

답 __6 cm__

6 126쪽 만들 수 있는 가장 큰 정육면체의 부피 구하기

오른쪽과 같은 직육면체 모양의 치즈를 잘라서
정육면체 모양으로 만들려고 합니다. 만들 수 있는
가장 큰 정육면체 모양의 부피는 몇 cm³인가요?

(풀이) (예) 치즈의 가로, 세로, 높이 중
가장 짧은 길이는 13 cm이므로
만들 수 있는 가장 큰 정육면체의 한 모서리의 길이는 13 cm입니다.
(가장 큰 정육면체 모양의 부피)=13×13×13=2197(cm³)

(답) **2197 cm³**

7 124쪽 빈틈없이 담을 수 있는 상자의 수 구하기

직육면체 모양의 컨테이너 안쪽은 가로가 3 m, 세로가 6 m, 높이가 4 m입니다.
이 컨테이너 안에 가로가 50 cm, 세로가 100 cm, 높이가 40 cm인 직육면체
모양의 상자를 빈틈없이 넣는다면 상자는 모두 몇 개 넣을 수 있나요?

(풀이) (예) 1 m는 100 cm입니다.
(가로로 놓는 상자의 수)=300÷50=6(개)
(세로로 놓는 상자의 수)=600÷100=6(개)
(높이로 쌓는 상자의 수)=400÷40=10(개)
따라서 컨테이너 안에 빈틈없이 넣을 수 있는 상자는 모두
6×6×10=360(개)입니다.

(답) **360개**

8 132쪽 부피를 이용하여 겉넓이 구하기

오른쪽 직육면체의 높이는 가로의 2배입니다. 이 직육면체의 부피가
90 cm³일 때 겉넓이는 몇 cm²인가요?

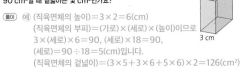

(풀이) (예) (직육면체의 높이)=3×2=6(cm)
(직육면체의 부피)=(가로)×(세로)×(높이)이므로
3×(세로)×6=90, (세로)×18=90,
(세로)=90÷18=5(cm)입니다.
(직육면체의 겉넓이)=(3×5+3×6+5×6)×2=126(cm²)

(답) **126 cm²**

9 130쪽 겉넓이가 같은 정육면체의 모서리의 길이 구하기

직육면체 ㉯의 겉넓이는 정육면체 ㉮의
겉넓이의 2배입니다. 정육면체 ㉮의
한 모서리의 길이는 몇 cm인가요?

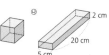

(풀이) (예) (㉮의 겉넓이)×2=(㉯의 겉넓이)
=(5×20+5×2+20×2)×2=300(cm²)
(㉮의 겉넓이)=300÷2=150(cm²)
(㉮의 한 면의 넓이)×6=150이므로
(㉮의 한 면의 넓이)=150÷6=25(cm²)입니다.
5×5=25이므로 정육면체 ㉮의
한 모서리의 길이는 5 cm입니다.

(답) **5 cm**

10 도전 문제 126쪽 만들 수 있는 가장 큰 정육면체의 부피 구하기

오른쪽과 같은 직육면체 모양의 묵을 잘라서
정육면체 모양으로 만들려고 합니다. 만들 수 있는
가장 큰 정육면체 모양의 부피는 몇 cm³이고
정육면체 모양의 묵은 모두 몇 모까지 만들 수 있나요?

❶ 만들 수 있는 가장 큰 정육면체의 한 모서리의 길이는?
(예) 묵의 가로, 세로, 높이 중 가장 짧은 길이는 6 cm이므로
만들 수 있는 가장 큰 정육면체의 한 모서리의 길이는
6 cm입니다.

❷ 만들 수 있는 가장 큰 정육면체의 부피는?
(예) (가장 큰 정육면체 모양의 부피)=6×6×6=216(cm³)

❸ 만들 수 있는 정육면체 모양의 묵의 수는?
(예) 묵을 한 모서리의 길이가 6 cm인 정육면체 모양으로 자르면
가로로 2모, 세로로 4모, 높이로 1모가 되므로
묵은 모두 2×4×1=8(모)까지 만들 수 있습니다.

(답) **216 cm³** , **8모**

실력 평가

계산 결과를 기약분수나 대분수로 나타내지 않아도 정답으로 인정합니다.

실력 평가 **1회**

* 공부한 날 ☐월 ☐일

정답과 해설 34쪽

1 바구니에 크림빵이 8개 있고, 소보로빵은 크림빵보다 3개 더 많이 있습니다.
소보로빵의 수에 대한 크림빵의 수의 비를 써 보세요.

(풀이) 예 소보로빵은 크림빵보다 3개 더 많으므로 8+3=11(개)입니다.
기준량은 소보로빵의 수, 비교하는 양은 크림빵의 수이므로 비로
나타내면 8 : 11입니다.

답 ___8 : 11___

2 소망이는 음료수를 $1\frac{1}{4}$ L씩 2병 사서 친구 8명에게 똑같이 나누어 주려고 합니다.
친구 한 명에게 나누어 줄 수 있는 음료수는 몇 L인가요?

(풀이) 예 (전체 음료수의 양)=$1\frac{1}{4} \times 2 = \frac{5}{4} \times \overset{1}{2} = \frac{5}{2} = 2\frac{1}{2}$(L)

(친구 한 명에게 나누어 줄 수 있는 음료수의 양)
=$2\frac{1}{2} \div 8 = \frac{5}{2} \times \frac{1}{8} = \frac{5}{16}$(L)

답 ___$\frac{5}{16}$ L___

3 밑면의 모양이 각각 오른쪽과 같은 각기둥과
각뿔이 있습니다. 꼭짓점이 더 많은 입체도형의
이름을 써 보세요.

각기둥	각뿔

(풀이) 예 각기둥은 밑면이 육각형이므로 육각기둥이고,
한 밑면의 변의 수는 6개입니다.
(각기둥의 꼭짓점의 수)=6×2=12(개)
각뿔은 밑면이 팔각형이므로 팔각뿔이고, 밑면의 변의 수는 8개입니다.
(각뿔의 꼭짓점의 수)=8+1=9(개)
각기둥과 각뿔의 꼭짓점의 수를 비교하면 12>9이므로 꼭짓점이 더
많은 입체도형은 육각기둥입니다.

답 ___육각기둥___

4 소미네 학교 6학년 학생들의 혈액형을 조사하여 나타낸 표입니다.
띠그래프로 나타내어 보세요.

혈액형별 학생 수

혈액형	A형	B형	O형	AB형	합계
학생 수(명)	24	36		42	120

(풀이) 예 (O형인 학생 수)=120-(24+36+42)=18(명)
A형: $\frac{24}{120} \times 100$=20 %, B형: $\frac{36}{120} \times 100$=30 %,
O형: $\frac{18}{120} \times 100$=15 %, AB형: $\frac{42}{120} \times 100$=35 %

답
혈액형별 학생 수

0 10 20 30 40 50 60 70 80 90 100(%)

| A형 (20 %) | B형 (30 %) | O형 (15 %) | AB형 (35 %) |

5 어떤 일을 아버지가 혼자 하면 12시간이 걸리고, 유진이가 혼자 하면 24시간이
걸립니다. 한 사람이 한 시간 동안 하는 일의 양은 각각 일정하다고 할 때, 아버지와
유진이가 함께 한다면 이 일을 모두 마치는 데 몇 시간이 걸리나요?

(풀이) 예 전체 일의 양을 1이라고 할 때
아버지가 한 시간 동안 하는 일의 양은 1÷12=$\frac{1}{12}$이고,
유진이가 한 시간 동안 하는 일의 양은 1÷24=$\frac{1}{24}$입니다.
(두 사람이 함께 한 시간 동안 하는 일의 양)
=$\frac{1}{12} + \frac{1}{24} = \frac{2}{24} + \frac{1}{24} = \frac{3}{24} = \frac{1}{8}$
아버지와 유진이가 함께 한다면 한 시간 동안 전체 일의 $\frac{1}{8}$을
할 수 있으므로 일을 모두 마치는 데 8시간이 걸립니다.

답 ___8시간___

실력 평가

* 맞은 개수 ☐/10개 * 걸린 시간 ☐/40분

정답과 해설 34쪽

6 어떤 수를 6으로 나누어야 할 것을 잘못하여 곱했더니 84.24가 되었습니다.
바르게 계산한 값은 얼마인가요?

(풀이) 예 어떤 수를 ■라 하여 잘못 계산한 식을 쓰면
■×6=84.24입니다.
84.24÷6=■, ■=14.04이므로 어떤 수는 14.04입니다.
따라서 바르게 계산한 값은 14.04÷6=2.34입니다.

답 ___2.34___

7 오른쪽 직육면체의 부피가 140 cm³일 때
겉넓이는 몇 cm²인가요?

(풀이) 예 (직육면체의 부피)
=(가로)×(세로)×(높이)이므로
7×4×(높이)=140, 28×(높이)=140,
(높이)=140÷28=5(cm)입니다.
(직육면체의 겉넓이)=(7×4+7×5+4×5)×2=166(cm²)

답 ___166 cm²___

8 승아와 친구들이 딸기를 먹었습니다. 승아는 21개를 먹었고, 수진이는 승아보다 8개
더 적게 먹었고, 재훈이는 수진이보다 13개 더 많이 먹었습니다. 재훈이가 먹은 딸기의
수에 대한 승아가 먹은 딸기의 수의 비를 써 보세요.

(풀이) 예 (수진이가 먹은 딸기의 수)=21-8=13(개)
(재훈이가 먹은 딸기의 수)=13+13=26(개)
기준량은 재훈이가 먹은 딸기의 수이고, 비교하는 양은
승아가 먹은 딸기의 수이므로 비로 나타내면 21 : 26입니다.

답 ___21 : 26___

9 밑면이 정삼각형인 삼각기둥의 전개도에서
직사각형 ㄱㄴㄷㄹ의 넓이는 108 cm²입니다.
선분 ㄹㄷ의 길이는 몇 cm인가요?

(풀이) 예 선개도를 집었을 때 만나는 선분의
길이는 같으므로
(선분 ㄱㄹ)=4×3=12(cm)입니다.
(직사각형의 넓이)=(가로)×(세로)이므로
(선분 ㄱㄹ)×(선분 ㄹㄷ)=108 cm²입니다.
선분 ㄱㄹ의 길이는 12 cm이므로 선분 ㄹㄷ의 길이는
108÷12=9(cm)입니다.

답 ___9 cm___

10 기차가 1분에 3 km를 가는 빠르기로 터널을 통과하려고 합니다. 터널의 길이는
31.4 km이고, 기차의 길이는 0.4 km입니다. 기차가 터널을 완전히 통과하는 데
걸리는 시간은 몇 분 몇 초인가요?

(풀이) 예 기차의 앞부분이 터널에 진입할 때부터 기차의 끝부분이 터널을
완전히 빠져나올 때까지 기차가 이동하는 거리를 구해야 합니다.
(기차가 터널을 완전히 통과할 때까지 이동하는 거리)
=(터널의 길이)+(기차의 길이)
=31.4+0.4=31.8(km)
(기차가 터널을 완전히 통과하는 데 걸리는 시간)
=31.8÷3=10.6(분)
⇨ 10.6분=10$\frac{6}{10}$분=10$\frac{36}{60}$분=10분 36초

답 ___10분 36초___

1 면이 9개인 각뿔 모양의 과자 상자가 있습니다. 이 상자의 모서리는 몇 개인가요?

풀이 예 (각뿔의 면의 수)=(밑면의 변의 수)+1이므로
9=(밑면의 변의 수)+1에서 밑면의 변의 수는 8개입니다.
따라서 과자 상자의 모서리는 8×2=16(개)입니다.

답 ___16개___

2 4분 동안 1.8 cm씩 일정한 빠르기로 타는 양초가 있습니다. 이 양초가 15분 동안 타는 길이는 몇 cm인가요?

풀이 예 (양초가 1분 동안 타는 길이)=1.8÷4=0.45(cm)
양초가 15분 동안 타는 길이는 양초가 1분 동안 타는 길이의 15배입니다.
⇨ 0.45×15=6.75(cm)

답 ___6.75 cm___

3 오른쪽과 같은 직육면체 모양의 떡을 잘라서 정육면체 모양으로 만들려고 합니다. 만들 수 있는 가장 큰 정육면체 모양의 부피는 몇 cm³인가요?

풀이 예 떡의 가로, 세로, 높이 중 가장 짧은 길이가
정육면체의 한 모서리의 길이가 되므로 한 모서리의 길이는
12 cm입니다.
따라서 만들 수 있는 가장 큰 정육면체 모양의 부피는
12×12×12=1728(cm³)입니다.

답 ___1728 cm³___

4 무게가 같은 공 6개가 들어 있는 상자의 무게가 $1\frac{1}{2}$ kg입니다. 빈 상자의 무게가 $\frac{9}{14}$ kg이라면 공 1개의 무게는 몇 kg인가요?

풀이 예 (공 6개의 무게)=$1\frac{1}{2}-\frac{9}{14}=\frac{21}{14}-\frac{9}{14}=\frac{12}{14}=\frac{6}{7}$(kg)
(공 1개의 무게)=$\frac{6}{7}÷6=\frac{6÷6}{7}=\frac{1}{7}$(kg)

답 ___$\frac{1}{7}$ kg___

5 오른쪽과 같이 밑면이 정칠각형인 각기둥이 있습니다. 이 각기둥의 모든 모서리의 길이의 합은 몇 cm인가요?

풀이 예 각기둥의 밑면은 정칠각형이고 두 밑면은 서로 합동이므로
길이가 9 cm인 모서리는 모두 14개입니다.
각기둥의 옆면은 모두 직사각형이므로 길이가 6 cm인 모서리는 모두 7개입니다.
⇨ (각기둥의 모든 모서리의 길이의 합)
=9×14+6×7=126+42=168(cm)

답 ___168 cm___

6 어느 옷 가게에서 작년에 양말 6켤레를 12000원에 판매했고, 올해는 양말 4켤레를 9600원에 판매하고 있습니다. 올해 양말 한 켤레의 가격은 작년에 비해 몇 % 올랐는지 구해 보세요.

예 양말 한 켤레의 가격은 작년에는 12000÷6=2000(원),
올해는 9600÷4=2400(원)입니다.
올해 오른 양말 한 켤레의 가격은 2400−2000=400(원)입니다.
$\frac{400}{2000}$×100=20이므로 올해 양말 한 켤레의 가격은 작년에 비해
20 % 올랐습니다.

답 ___20 %___

7 영화관 방문객 2000명을 대상으로 좋아하는 영화 장르를 조사하여 나타낸 원그래프입니다. 액션 영화를 좋아하는 방문객은 몇 명인가요?

좋아하는 영화 장르별 방문객 수
기타 (12.9 %)
멜로 (15.1 %)
공포 (8.9 %)
코미디 (33.5 %)
액션

풀이 예 액션 영화를 좋아하는 방문객은 전체의
100−(15.1+33.5+8.9+12.9)=29.6(%)입니다.
29.6 %를 분수로 나타내면 $\frac{296}{1000}$이므로
액션 영화를 좋아하는 방문객은 2000×$\frac{296}{1000}$=592(명)입니다.

답 ___592명___

8 승용차는 3시간 동안 247.8 km를 가는 빠르기로 달리고, 트럭은 2시간 동안 130.8 km를 가는 빠르기로 달립니다. 승용차와 트럭이 같은 곳에서 반대 방향으로 동시에 출발한다면 4시간 후 승용차와 트럭 사이의 거리는 몇 km인가요?

풀이 예 1시간 동안 승용차는 247.8÷3=82.6(km)를 달리고,
트럭은 130.8÷2=65.4(km)를 달립니다.
출발한 지 1시간 후 승용차와 트럭 사이의 거리는
82.6+65.4=148(km)입니다.
따라서 출발한 지 4시간 후 승용차와 트럭 사이의 거리는
148×4=592(km)입니다.

답 ___592 km___

9 직육면체 모양의 창고 안쪽에는 가로가 2 m, 세로가 2 m, 높이가 1.8 m입니다. 이 창고 안에 가로가 40 cm, 세로가 20 cm, 높이가 12 cm인 직육면체 모양의 상자를 빈틈없이 넣는다면 상자는 모두 몇 개 넣을 수 있나요?

풀이 예 1 m는 100 cm입니다.
(가로로 놓는 상자의 수)=200÷40=5(개)
(세로로 놓는 상자의 수)=200÷20=10(개)
(높이로 쌓는 상자의 수)=180÷12=15(개)
따라서 창고 안에 빈틈없이 넣을 수 있는 상자는 모두
5×10×15=750(개)입니다.

답 ___750개___

10 다미가 ㉮ 은행에 55000원을 예금했더니 1년 후에 56650원이 되었고, 서준이가 ㉯ 은행에 74000원을 예금했더니 1년 후에 75480원이 되었습니다. 1년 동안의 이자율이 더 높은 은행은 어느 은행인가요?

풀이 예 (㉮ 은행의 1년 동안의 이자)=56650−55000=1650(원)
㉮ 은행의 1년 동안의 이자율은 $\frac{1650}{55000}$×100=3이므로 3 %입니다.
(㉯ 은행의 1년 동안의 이자)=75480−74000=1480(원)
㉯ 은행의 1년 동안의 이자율은 $\frac{1480}{74000}$×100=2이므로 2 %입니다.
두 은행의 1년 동안의 이자율을 비교하면 3>2이므로 1년 동안의
이자율이 더 높은 은행은 ㉮ 은행입니다.

답 ___㉮ 은행___

1 요리부 선생님이 밀가루 28.8 kg을 6모둠에 똑같이 나누어 주었습니다.
태욱이네 모둠 4명이 밀가루를 똑같이 나누어 사용한다면 태욱이가 사용할 수 있는
밀가루는 몇 kg인가요?

풀이 예 (한 모둠에 나누어 준 밀가루의 무게)＝28.8÷6＝4.8(kg)
(태욱이가 사용할 수 있는 밀가루의 무게)
＝4.8÷4＝1.2(kg)

답　**1.2 kg**

2 직육면체 모양의 통 안쪽은 가로가 10 cm, 세로가 20 cm, 높이가 16 cm입니다.
이 통 안에 한 모서리의 길이가 2 cm인 정육면체 모양의 치즈를 빈틈없이 넣는다면
치즈는 모두 몇 개 넣을 수 있나요?

풀이 예 (가로로 놓는 치즈의 수)＝10÷2＝5(개)
(세로로 놓는 치즈의 수)＝20÷2＝10(개)
(높이로 쌓는 치즈의 수)＝16÷2＝8(개)
따라서 통 안에 빈틈없이 넣을 수 있는 치즈는 모두
5×10×8＝400(개)입니다.　답　**400개**

3 넓이가 같은 마름모와 직사각형이 있습니다. 마름모의 두 대각선의 길이가
각각 10.4 cm, 6 cm이고, 직사각형의 가로가 8 cm라면 직사각형의 세로는
몇 cm인가요?

풀이 예 (직사각형의 넓이)＝(마름모의 넓이)
＝10.4×6÷2＝31.2(cm²)
(직사각형의 넓이)＝(가로)×(세로)이므로
(세로)＝31.2÷8＝3.9(cm)입니다.

답　**3.9 cm**

4 수 카드 9 , 4 , 5 를 한 번씩 모두 사용하여 (진분수)÷(자연수)를 만들려고
합니다. 몫이 가장 클 때의 값을 구해 보세요.

풀이 예 자연수에 가장 작은 수를 놓고 나머지 두 수로 진분수를
만들어야 몫이 가장 큽니다.
수 카드의 수의 크기를 비교하면 4<5<9이므로 자연수는
4이고, 나머지 두 수로 진분수를 만들면 $\frac{5}{9}$입니다.
⇨ $\frac{5}{9}÷4=\frac{5}{9}×\frac{1}{4}=\frac{5}{36}$

답　$\frac{5}{36}$

5 어느 지역의 초등학교별 학생 수를 조사하여 나타낸 그림그래프입니다.
네 초등학교의 학생 수의 합이 1530명일 때 구름 초등학교의 학생 수는
몇 명인가요?

초등학교별 학생 수

👤100명　👤10명

풀이 예 큰 그림은 100명을 나타내고, 작은 그림은 10명을 나타내므로
바람 초등학교의 학생 수는 300명,
은하수 초등학교의 학생 수는 350명,
하늘 초등학교의 학생 수는 460명입니다.
(구름 초등학교의 학생 수)
＝1530－(300＋350＋460)
＝420(명)　답　**420명**

6 소희네 학교 학생 200명 중 $\frac{3}{5}$이 반려동물을 기르고 있습니다. 그중에서 55 %가
개를 기르고 있을 때 소희네 학교 학생 중 반려동물로 개를 기르는 학생은 몇 명인가요?

풀이 예 (반려동물을 기르는 학생 수)＝200×$\frac{3}{5}$＝120(명)
반려동물을 기르는 학생 중 개를 기르는 학생 수의 비율을
분수로 나타내면 $\frac{55}{100}$입니다.
(반려동물로 개를 기르는 학생 수)＝120×$\frac{55}{100}$＝66(명)

답　**66명**

7 정육면체 ㉮의 겉넓이는 직육면체 ㉯의
겉넓이와 같습니다. 정육면체 ㉮의 한
모서리의 길이는 몇 cm인가요?

4 cm
12 cm　9 cm

풀이 예 (㉮의 겉넓이)＝(㉯의 겉넓이)
＝(12×9＋12×4＋9×4)×2＝384(cm²)
(㉮의 겉넓이)＝(㉮의 한 면의 넓이)×6＝384이므로
(㉮의 한 면의 넓이)＝384÷6＝64(cm²)입니다.
8×8＝64이므로 정육면체 ㉮의 한 모서리의 길이는 8 cm입니다.

답　**8 cm**

8 오른쪽과 같이 밑면이 직사각형인 각기둥이 있습니다.
이 각기둥의 모든 모서리의 길이의 합은 몇 cm인가요?

14 cm
7 cm　9 cm

풀이 예 각기둥의 밑면은 직사각형이고 두 밑면은 서로 합동이므로
길이가 7 cm인 모서리는 모두 4개, 길이가 9 cm인
모서리는 모두 4개입니다.
각기둥의 옆면은 모두 직사각형이므로 길이가 14 cm인 모서리는 모두
4개입니다.
⇨ (각기둥의 모든 모서리의 길이의 합)
＝7×4＋9×4＋14×4＝28＋36＋56＝120(cm)　답　**120 cm**

9 소유와 친구들의 대화를 보고 색칠한 부분의 넓이가 가장 넓은 사람부터 차례대로
이름을 써 보세요.

소유: 난 넓이가 610 cm²인 종이를 4등분하여 그중 한 부분에 색칠했어.
주혁: 난 넓이가 850 cm²인 종이를 6등분해서 그중 한 부분에 색칠했지.
다빈: 나는 넓이가 520 cm²인 종이를 3등분하여 그중 한 부분에 색칠했어.

풀이

예 (소유가 색칠한 부분의 넓이)＝610÷4＝$\frac{610}{4}$＝$\frac{305}{2}$＝$152\frac{1}{2}$(cm²)

(주혁이가 색칠한 부분의 넓이)＝850÷6＝$\frac{850}{6}$＝$\frac{425}{3}$＝$141\frac{2}{3}$(cm²)

(다빈이가 색칠한 부분의 넓이)＝520÷3＝$\frac{520}{3}$＝$173\frac{1}{3}$(cm²)

$173\frac{1}{3}>152\frac{1}{2}>141\frac{2}{3}$이므로 색칠한 부분의
넓이가 가장 넓은 사람부터 차례대로
이름을 쓰면 다빈, 소유, 주혁입니다.

답　**다빈, 소유, 주혁**

10 규호네 학교 학생을 대상으로 아침 식사에 대한 설문 조사 결과를 나타낸 그래프입니다.
조사에 참여한 학생이 600명일 때 아침 식사로 밥을 먹는 학생은 몇 명인가요?

아침 식사 여부

먹지
않는다
(20 %)
먹는다
(80 %)

아침 식사 메뉴별 학생 수

| 밥 (30 %) | 빵 (25 %) | 과일 (15 %) | 시리얼 (20 %) | 기타 (10 %) |

풀이 예 원그래프에서 먹는다의 비율을 분수로 나타내면 $\frac{80}{100}$입니다.

(아침을 먹는 학생 수)＝600×$\frac{80}{100}$＝480(명)

띠그래프에서 밥의 비율을 분수로 나타내면 $\frac{30}{100}$입니다.

(아침 식사로 밥을 먹는 학생 수)＝480×$\frac{30}{100}$＝144(명)

답　**144명**

memo

왕관을 만들어요!

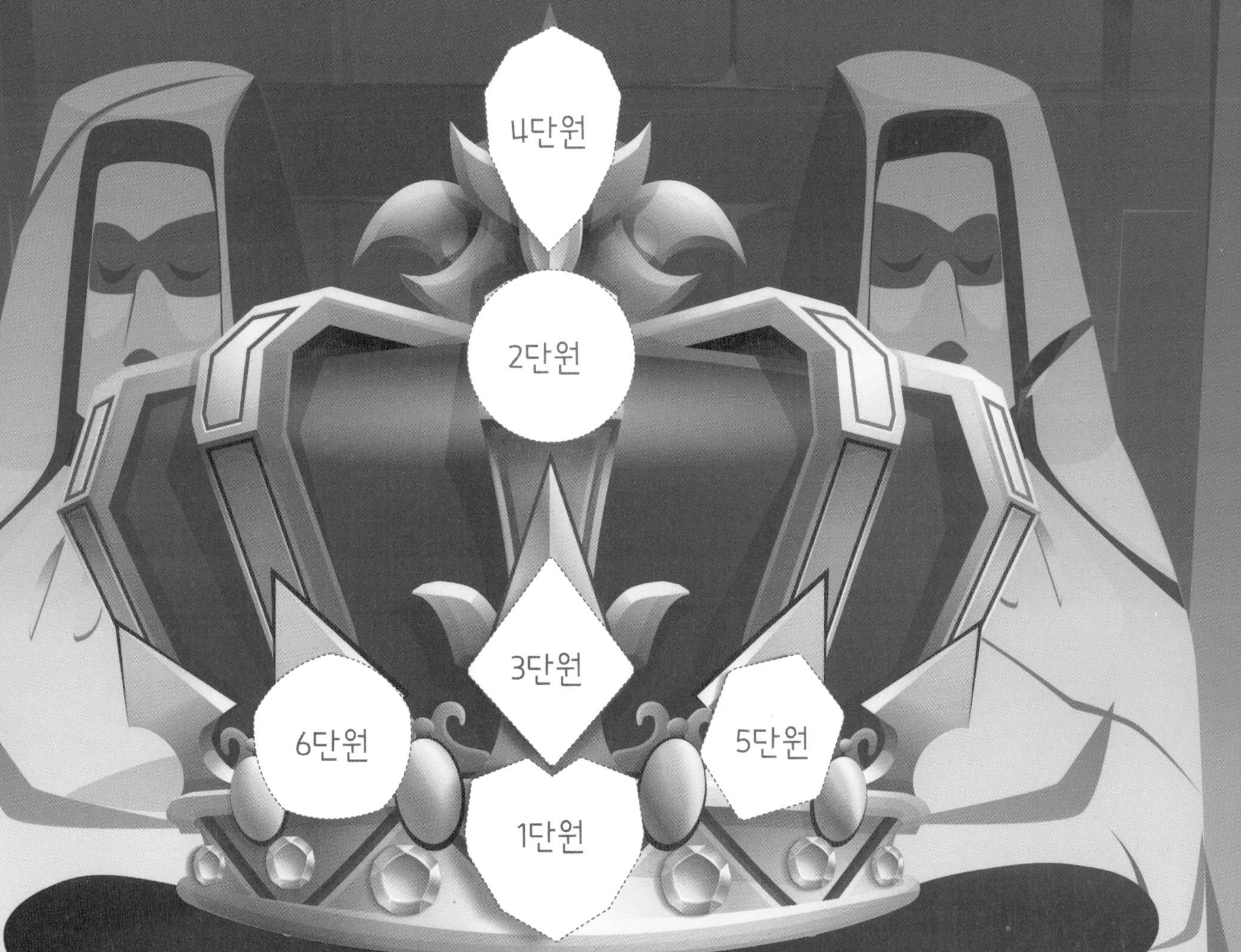

4단원

2단원

3단원

6단원

5단원

1단원

단원 마무리에서 오린
보석을 붙이고
왕관을 완성해 보세요!

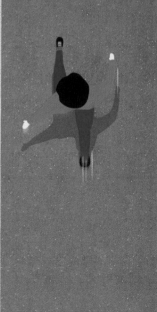

시작부터 남다른 한끝

한끝이 반이다

대표전화 1544-0554
주소 경기도 과천시 과천대로2길 54
협의 없는 무단 복제는 법으로 금지되어 있습니다.